深入學習 JavaScript 模組化設計

Mastering Modular JavaScript

Nicolás Bevacqua 著

賴屹民 譯

O'REILLY®

目錄

前言

即使印刷技術已經問世許久了，出版書籍仍然是有挑戰性的工作。是的，通常會有一位（或一群）作者隨時隨地撰寫內容，但也會有一位內容編輯者負責協助作者，將他們的想法轉換成不致於太枯燥並富有吸引力的故事——如果書籍與技術或商業有關，更要特別小心。我們還有技術校閱，他們是高警覺性的專家，負責找出嚴重的技術定義或解釋的錯誤。當然，最後還有文字編輯，他們是確保文字和語法正確的最後一道防線。但是到目前為止，我們只談到皮毛而已：上述的所有人員大致上都處理書本的內容，但是製作書籍也有其他的面向。例如排版人員，他們的工作是確保書籍在付梓時有良好的外觀——妥善處理參差不齊的程式碼等等。有些人負責設計封面，也有人負責審核初稿的目錄，這樣才能提供合約給作者。此外，有些人要負責監督書籍的出版過程，通常稱為“生管”。印好書籍之後，還要配送它們。最後，書籍才會被放到書架上（實體或其他的），並開始販售，直到終於有人買了這本書並開始閱讀它。整個購買與交易的過程甚至可以寫成一本書。

這個過程複雜得讓人難以置信，然而，對參與其中的每一個人而言，事情並沒有那麼複雜。例如，作者只要每天寫幾百個字就可以了，這複雜嗎？如此劃分這個程序是有原因的：我們不擅長處理高度複雜的事項。對參與出版書籍這種龐大專案（或商務企業）的每一個人來說，將它拆成各項單一的責任（例如“編寫內容”、“改善文字排列”、“校閱技術問題”、“修正文法錯誤”、“排版”，或“處理販售程序”）可讓他們更容易工作。

出版書籍只是一個例子——我們可以對幾乎任何事項做同樣的事情。從你的桌上拿起一個東西，任何東西都行，想一下它是怎麼來的，接著把目光拉遠，想一下：它是怎麼做的？它的材料是什麼？有多少人製作每一個組件、將它們組裝起來、讓它看起來是完美的，再將它送到你購買它的店裡面？那個東西是水果嗎？有多少人種植它、消滅害蟲、修剪枝葉、包裝它，再把它送到商店？

軟體沒有太大的不同，我們的身邊充斥著各種複雜的事物。把目標拉到最近，你可以發現以物理常數描述的限制，例如光速、各個位元，以及硬體、中斷呼叫、組合語言等等。把目標拉遠，我們可以發現技術領域的大型結構，負責處理搜尋查詢指令與付款處理等事項。我們這些開發者，以及我們負責的專案就身處這些複雜事項之中。

我們不太可能停下來思考每日看到的物件與互動的底層的複雜性，因為這樣做會造成癱瘓。相反，我們會將解決方案藏在抽象介面之後，將它們（在我們的心中）化成介面。有些介面可良好地對映抽象實作，讓人覺得好用，有些則無法良好地對映實作，讓人覺得困惑和挫折。軟體沒有什麼不同，我們不想考慮整個系統，幾乎所有我們用到的事物都被隱藏在比底層的實作更容易使用與理解的介面之後。

誰該閱讀這本書？

本書適合具備 JavaScript 與 ES6 應用知識的開發者、業餘愛好者和專業人士[1]。想要知道如何寫出易理解、易維護與可擴展程式的開發者（即使不使用 JavaScript 語言）也可以從中獲益。

為何將 JavaScript 模組化？

最初，我只想玩玩 Node.js，在不知不覺的情況下，我與 JavaScript 建立緊密的關係，在此同時，我發現開放原始碼，並愛上它的做法。Node.js 周圍的 open source（開放原始碼）生態系統讓來自 C# 這種

1 ES6 深深地影響 JavaScript 語言的變化，它加入了多種語法改善以及一些新方法。本書假設你已經熟悉 JavaScript ES6 之後的版本了。你可以到 Pony Foo blog（*https://mjavascript.com/out/es6*）閱讀速成教學來深入瞭解 ES6 語法。

closed-source（封閉原始碼）領域的我大開眼界，並且熱切地釐清“如何編寫穩健的程式，讓別人可以愉快地使用”。在這種背景之下，我發現自己總是在思考如何定義介面、誰該使用它、他們會不會花時間做別的事情，搞不清楚我們原本希望他們做的事情。

本書期望以循循善誘的方式讓你成為成功的模組作者。寫出 JavaScript 模組不難，但是採取合理的做法來提供簡單、靈活，而且在大部分的情況下都很容易使用（但是在必要時也很靈活），同時又能控制內部複雜性的模組並不簡單。我曾經在《*JavaScript Application Design*》[2] 以及 Pony Foo 部落格之中斷斷續續地寫過一些關於正確的應用程式設計的見解，但我一直渴望出版一本完全討論模組化程式的設計與編寫的書籍。

雖然我還沒有看到任何一本從 JavaScript 的角度來討論這個主題的書籍，但你可以找到與模組化程式這個主題有關的其他書籍，例如 Steve McConnell 的《*Code Complete*》（Microsoft Press） 與 Robert C. Martin 的《*Clean Code*》（Prentice Hall），並且在你的 JavaScript 開發工作中採取他們的做法。本書試著將你的注意力從別人認為你該做的事情上移開，讓你自行決定你應該做什麼，以及為何如此——而不是強加一堆規則，因為這只會導致人們自行宣稱他們的程式是“簡潔的”。

本書試著以不刻意造作的方式來解釋如何編寫模組化程式。我們會試著闡明模組化架構背後的原理，以及它在 JavaScript 的歷史，讓你更容易瞭解編寫模組化程式的意義以及好處。

雖然坊間已經有許多說明如何設計正確的應用程式設計的書籍了，但是探討模組化應用程式設計的書籍並不多，更不用說模組化 JavaScript 應用程式設計了，所以你才會看到這本書。雖然本書中大多數的建議、理念與教學都不是 JavaScript 專屬的，但是把注意力放在 JavaScript 上，意味著你不但會學到如何編寫模組化的網路應用程式，在過程中也會記得一些將網路變成獨特的平台以及讓 JavaScript 在許多方面都如此特別的奇特功能。

---

2 《*JavaScript Application Design*》（*https://mjavascript.com/out/jad*）是 Manning 在 2015 年為我出版的書籍。它的內容與組建程序有關，但也有一些章節討論複雜性的管理、理想的非同步流程控制程式、REST API 設計，與 JavaScript 的測試問題。

希望你將本書的內容用在你試著處理的問題上，並且評估各種做法的優劣得失，以產生自己的見解，而不是依賴長篇大論、深入的分析以及具體的例子。軟體沒有一體適用的解決方案，你通常要活用自己的判斷力來決定如何編寫它。所有的軟體都得適應它周圍的環境，如何你做過任何涉及軟體部署或發表的工作，肯定知道將同一段程式塞到不同的執行環境裡面有多麼困難。

這本書的目標與《*Practical Modern JavaScript*》一樣，也是慢慢地建立一條基線。當我們從《*Practical Modern JavaScript*》學到最新的語言功能之後，要從這本書瞭解模組化設計思維。你可以在這兩本書的各章與各節中看到這種漸進式與模組化的做法。

本書架構

第 1 章討論模組化在 JavaScript 中的演進，從早期在 `onclick` 屬性中嵌入 JavaScript，到 CommonJS，以及最後的原生 ECMAScript 模組。接著說明編寫獨立且完善的程式的好處，以及在系統的每一個層面這樣做的好處，這些層面包括服務、應用程式、元件、模組、函式、區塊等等。

第 2 章討論模組化設計的基本要求，幫你打下一個基礎，讓你在這個基礎上編寫具備良好 API 的模組，並且知道它會被如何使用（在所有可能的情況下）、責任的歸屬，以及哪些屬於介面。

第 3 章大部分的內容都是關於讓你瞭解你應該解決的問題類型、如何在解決那些問題的同時密切關注模組與介面的演變，以及在等待清晰的模式浮現時盡量不要做抽象化。這一章會深入討論關於文件化、錯誤處理的最佳做法，以及根據你自己的理解，對想要解決的問題採取你自己的做法。

第 4 章會輕鬆地討論內部複雜性、緊密耦合，並評估框架與規範的優點。這一章主要討論重構程式來減少複雜性的各種做法。接著我們會討論狀態與複雜性之間的關係，以及如何減輕複雜性。在此資料結構也扮演重要的角色，因為在控制複雜性時，選擇正確的資料結構雖然有挑戰性，卻可帶來巨大的回報。

第 5 章專門討論 JavaScript，詳細介紹如何利用現代的語言結構來編寫簡潔的程式。這一章也會探討繼承與組合之類的模式，進而討論如何根據你的使用案例來選擇適當的選項。本章的最後也會討論經典的模式，例如顯示模組、物件工廠、事件發射器與 JSON 訊息傳遞。

第 6 章介紹身經百戰的模組開發者是如何思考的，探討安全問題與依賴關係管理、建立及整合程序、介面和抽象，一般來說，這是個關於模組設計的建議和最佳做法的大雜燴。

如果你已經熟悉與 JavaScript 有關的模組化歷史，至少可以瀏覽一下第 1 章的歷史課。如果你喜歡跳著閱讀各個章節，我仍然建議你閱讀每一章，因為這本薄書比較類似講述合理程序的故事書，而不是簡單的配方食譜。

本書編排慣例

本書使用以下的編排規則：

斜體字（*Italic*）

代表新的術語、URL、電子郵件地址、檔案名稱及副檔名。中文以楷體表示。

定寬字（`Constant width`）

代表程式，也在文章中代表程式元素，例如變數或函式名稱、資料庫、資料類型、環境變數、陳述式與關鍵字。

這個圖示代表一般注意事項。

致謝

本書得以完成需要感謝許多人。首先是負責本書與 O'Reilly 的 Modular JavaScript 系列的主編 Virginia Wilson，她提供了寶貴的經驗，當我進度開始落後、寫作的速度像涓涓細流般緩慢時，她非常體諒我，始終保持非常積極的態度！

技術校閱也是頂尖的專家。Mathias Bynens 仔細地確保我對於 ECMAScript 規格的評論一如往常地符合標準。Ingvar Stepanyan 似乎隨時都準備為這本書提供技術性的評論，他總是提供獨特的觀點，讓我寫出更明確的說明與更詳盡的例子，非常感謝他的協助。Adam Rackis 也對這個系列的技術校閱提供很大的幫助，他總是對需要修正、充實或澄清的部分提供可靠的評論。

在此如果沒有列出 2016 年在 Indiegogo 眾籌網站支持 Modular JavaScript 叢書的各位就是我的不對了，感謝你們在這些書還在構思階段時相信我，在初期就對我注入大量的熱情。如果我們相遇的話，啤酒我請！

下列名單不按照特定順序：

Aaron Endsley, Aaron Hans, Aaron Olson, Aaron Wells, Adam Rackis, Adi Purnama Mutiara, Adrian Li, Adrian Rand, Agustin Nicolas Polo, Alan Chandler, Alasdair Shepherd, Alejandro Nanez, Alexis Mills, Allen Dean, Anastasios Alexiou, Andrea Giammarchi, Andres Mijares, Andrew Broman, Andrew Kenward, Andrew Shell, Andrew Van Slaars, Andrey Golovin, Angel Ramirez Morel, Anna Vu, Anselm Hannemann, Anthony Casson, Arnau Pujol, Arnis Lupiks, Artur Jonczyk, Aziz Khoury, Barney Scott, Beau Cronin, Ben Lagoutte, Ben Mann, Benjamin Bank, benjamintpoon, Benny Neugebauer, Bishal Pantha, Bran Sorem, Brent Huffman, Bruce Hyatt, Burton Podczerwinski, Béla Varga, Ca-Phun Ung, Cameron Stark, Carlos López, Casper de Rooij, Chad Thoreson, Charles Herman, Charles Rector, Charlie Hill, Chase Hagwood, Chris Fothergill, Chris Weber, Christopher Dresel, Christopher Gonzales, Christopher Hamilton, Christopher Scott, Cindy Juarez, Claudia Hernández, Constantin Chirila, Cris Ryan Tan, Dallen Richard Loder, Dan Hayden, Dan M., Dan Perrera, Dan Rocha, Daniel Cloud, Daniel Egger, Daniel Sleeth, David Ershag, David G. Chaves, David González Polán, David Hobbs, David Lemarier, Dayan Barros, Dejan Cencelj, Denise Darmawi, Derick Rodriguez, Derik Badman, Dick Grayson, Dmitry Goryunov, Don Hamilton III, Donald Gary, Doug Chase, Dumitru Florin Gabriel, Eder Sánchez, Edgar Barrantes, Edouard Baudry, Eduardo Rabelo, Eric Lezotte, Ersan Temizyurek, Ezequiel Cabrera, Fabian Marz, Fabio Vedovelli, Fabrice Le Coz, Federico Foresti, Fer To, Fernando Ripoll Lafuente, Flavio Spaini, Fran Nunez, Francesco Strappini, Francisco Cerdas, Fredrik Forsmo, Fredrik Lexberg, Gabor Dolla, Gabriel Chertok, Gabriel García Seco, Gergo Szonyi, Giovanni Londero, glennjonesnet, Gorshunov Vladimir, Guy Tepper, Hamish

Macpherson, Hanslutter Fomben, Henk Jan van Wijk, Hernan Chiosso, Horváth László Gábor, Hugo Lopes, Ian B. De La Cruz, Ian Doyle, Ian McCausland, Ignacio Anaya, Istvan Szmozsanszky, Ivan Saveliev, Ivan Tanev, J. Singh, Jack Pallot, Jack W McNicol, Jaime García, Jake Smith, Janderson Martins, Jani Kraner, Jared Moran, Jason Broyles, Jason Finch, Jean Osorio, Jeffrey Borisch, Jelena Jovanovic, Jennifer Dixon, Jeremy Tymes, Jeremy Wilken, Jia Fei Fei, Jiaxing Wang, Joachim Kliemann, Joan Maria Talarn, Johannes Weiser, John Engstrom, John Fogarty, John Johnson, Jon Saw, Jonathan Boiser, Joostc Schermers, Josh Adam, Josh Magness, José Esparza, jsnisenson, Juan Lopez, Junrou Nishida, Jörn Flath, Karthikeya Pammi, Kevin Gimbel, Kevin Rambaud, Kevin Scheffelmeier, Kevin Youkhana, kgarbaya, konker, Kostas Galanos, Kris Bulman, Kyle Simpson, Lalit Agrawala, Lea P., Leonardo Di Lella, Lidor Lapid, mailtorenil, Marc Grabanski, Marco Martins, marco. scarpa, Marcus Bransbury, Mariano Campo, Mark Kramer, Martijn Rouwendal, Martin Ansty, Martin Gonzalez, Martin Luna, Massimiliano Filacchioni, Mathias Bynens, Matt Riley, Matt Webb, Matteo Hertel, Matthew Bagwell, Mauro Gestoso, Max Felgenhauer, Maxwell Chiareli, Michael Chan, Michael Erdey, Michael Klose, Michael Kühnel, Michael Spreu, Michael Vezzani, Mike Kidder, Mike Parsons, Mitchell Gates, Nathan Heskew, Nathan Schlehlein, Nick Dunn, Nick Klunder, Nicolás Isnardi, Norbert Sienkiewicz, Oliver Wehn, Olivier Camon, Olivier Van Hamme, Owen Densmore, P. Ghinde, Patrick Nouvion, Patrick Thompson, Paul Aeria, Paul Albertson, Paul Cooper, Paul Grock, Paul Kalupnieks, Paul Kamma, Paul Vernon, Paula Penedo Barbosa, Paulo Elias, Per Fröjd, Peter deHaan, Peter Holzer, Peter Piekarczyk, peterdoane, Phan An, Piotr Seefeld, Pranava S Balugari, Rahul Ravikumar, Randy Ferrer, Renato Alonso, Rey Bango, Reynaldo Tortoledo, Ric Johnson, Ricardo Pereira, Richard Davey, Richard Hoffmann, Richard Weltman, Riyadh Al Nur, Robert Buchholz, Ron Male, Ryan Castner, Ryan Ewing, Rylan Cottrell, Salvatore Torcivia, Sean Esteva, Sebastian Brieschenk, Sergey Efremov, Sergey Melnikov, Shane Eckel, Shaunak Kashyap, Shawn Searcy, Simeon Vincent, simonkeary, Stefan Boehm, Steve Mahony, Steven Kingston, Stoyan Delev, Stuart Robson, Sumit Sarkar, Swizec Teller, Szabolcs Legradi, Tanner Donovan, Ted Young, Thee Sritabtim, Thomas Noe, Thomas Schwarz, Tim Goshinski, Tim Osborn, Tim Pietrusky, Tony Brown, Tudosa Razvan, Ture Gjørup, Umar Farooq Khawaja, Uri Chandler, Victor Rosell, Vinay Puppal, Vladimir Bruno, Vladimir Simonov, Vladimir Zeifman, Wayne Callender, Wayne Patterson, Wee Keat Liew, Wes Bos, Wonmin Jeon, Yann LE CORRE, Yevgen Safronov, Yonatan Mevorach, youbiteme, Zach

Gottlieb, Zachary Hawkins, Zane Thomas, 坤福 曾 , @agolveo, @amstarri, @bondydaa, @cbergenhem, @cde008, @changke, @dhtrinh02, @dlteron.green, @eduplessis, @eonilsson, @fogarty.tj, @fortune, @gm.schlereth, @illusionmh, @jcnoble2 與 @michael!

一如往常，我也要感謝太太 Marianela 在我著作這些書籍的過程中經歷情緒的高低起伏時一直陪伴著我。我不知道她是怎麼做到的。

第一章

模組思維

如前言所言，當我們進行軟體專案時，複雜性似乎總是圍繞四周。抽象也是如此，它將複雜性藏在我們不敢碰觸的石頭底下，那些石頭是另一個世界的介面，讓我們可以遠離它、幾乎不會想到它。JavaScript 也不例外，儘管動態語言很強大，但是當我們使用它們時，往往更容易（甚至嘗試）寫出複雜的程式。

我們接下來會先討論如何在工作中更妥善地應用抽象、介面與它們底層的概念，如此一來，當我們執行專案、處理某項功能時，就可以將需要注意的複雜性最小化，直到將它變成單一功能的分支。

1.1 模組思維簡介

擁有**模組思維**就是認知複雜性是不可避免的，並且用介面來消除複雜性，以免再次看到它或想到它。但是你必須妥善地設計介面（這是棘手的部分），以免讓它的使用者感受挫折，這種挫折甚至會讓人忍不住窺探引擎蓋下的世界，當他們看到比令人氣餒的介面複雜得多的內部程式之後，或許會發現，如果沒有那個介面的話，程式搞不好還比較容易維護與閱讀。

系統可以顆粒化（granular）：我們可以將它們分成專案、用許多應用程式構成系統、在系統裡面設置一些應用程式等級的階層，在每一個階層內使用上百個模組，用上千個函式組成這些模組等等。顆粒化可以協助我們把相當的注意力放在模組化上，同時保持理智，協助我們寫出容易瞭解與維護的程式。在第 11 頁的 1.4 節“模組顆粒化”中，我們會討論如何執行顆粒化來建立模組化的應用程式。

當我們描述元件時，都會提供一個讓系統的其他部分操作的公開介面。這個介面（或 API）裡面有元件公開的方法或屬性，那些方法或屬性也可以稱為**接觸點**，也就是可在介面中公開互動的東西。介面的接觸點越少，表面積就越小，介面就越簡單。表面積大的介面有高度的彈性，但是因為這種介面公開大量的功能，所以很可能難以理解與使用。

介面有兩種用途，它可以讓我們開發元件的新功能，只公開已經準備好了、可供大家使用的功能，同時保留不想讓其他元件使用的私有內容。同時，它可讓使用者（使用介面的元件或系統）受惠於公開的功能，而不需要考慮那項功能的細節究竟如何實作。

要隔離複雜的程式，讓別人在使用它的時候不需要知道任何實作細節，最好的做法之一就是寫出強健、文件化的介面。有系統地安排強健的介面可以逐漸形成一個階層，例如企業應用程式的服務或資料層。採取這種做法時，我們在很大程度上可將邏輯隔離與限制在其中一層，同時將處理表象的程式與嚴格的商業或持久保存相關的程式分開。這種強而有力的隔離是高效的做法，因為它可讓各個元件保持整齊，並且讓階層保持一致。從開發者的角度來看，一致的階層（以模式或外觀相似的元件組成的）可提供熟悉感，讓人能夠持續直觀地使用它，並且隨著時間的流逝更加熟悉 API 的外貌。

由於設計合適的介面是不容易的事情，使用一致的 API 外貌是增加生產力的好方法。當我們持續使用類似的 API 外貌，就不需要每次都重新擬定新的設計，使用者也可以放心地相信你沒有每次都重新發明輪子。我們會在接下來的章節更詳細地討論 API 設計。

1.2 模組化簡史

在 JavaScript 中，模組化是個現代的概念。本節要快速地回顧並總結 JavaScript 世界的模組化演進里程碑。這一節只簡介主流做法在 JavaScript 歷史中的演化，不會詳盡地說明它們。

1.2.1 腳本標籤與 Closure

在早期，JavaScript 是被嵌在 HTML `<script>` 裡面的，它頂多會被放到專屬的腳本檔案裡面，全都共用一個全域範圍。

在這些檔案或行內腳本內宣告的任何變數或綁定都會被印到全域的 `window` 物件，因而在彼此無關的腳本之間造成資訊洩漏，這可能會導致衝突甚至破壞體驗，因為在一個腳本裡面的變數可能會不小心取代另一個腳本使用的全域變數：

```
<script>
  var initialized = false

  if (!initialized) {
    init()
  }

  function init() {
    initialized = true
    console.log('init')
  }
</script>

<script>
  if (initialized) {
    console.log('was initialized!')
  }

  // 就連 `init` 都默默地變成全域變數
  console.log('init' in window)
</script>
```

隨著網路應用程式開始變大與變複雜，限定範圍的概念與全域範圍的危險越來越明顯並開始受到關注。於是 Immediately Invoked Function Expressions（IIFE）問世了，並且立刻成為主流。IIFE 的做法是將整個檔案或部分的檔案包在一個函式裡面，在求值（evaluation）之後立刻執行。JavaScript 的每一個函式都會建立一層新的範圍，也就是說，使用 var 變數的賦值會被包在 IIFE 裡面。雖然變數的宣告會被懸吊（hoist）在它們的範圍上面，但是拜 IIFE 包裝之賜，它們永遠不會變成隱晦的全域變數，因此可以降低隱晦的 JavaScript 全域變數造成的脆弱性。

下面的範例是一些 IIFE 的做法，這裡面的 IIFE 程式是各自獨立的，只能用明確的陳述式轉換成全域環境，例如 window.fromIIFE = true：

```
(function() {
  console.log('IIFE using parenthesis')
})()

~function() {
  console.log('IIFE using a bitwise operator')
}()

void function() {
  console.log('IIFE using the void operator')
}()
```

程式庫通常使用 IIFE 模式來公開再重複使用 window 物件的單一綁定，以盡量減少全域命令空間的汙染。下面的程式展示如何使用（採取 IIFE 模式的）程式庫裡面的 sum 方法來建立 mathlib 元件。如果我們想要在 mathlib 裡面加入更多模組，可以將它們分別放在一個 IIFE，將它們自己的方法放到 mathlib 公開介面，同時讓其他的程式對於定義新功能的元件來說都維持私用。

```
void function() {
  window.mathlib = window.mathlib || {}
  window.mathlib.sum = sum

  function sum(...values) {
    return values.reduce((a, b) => a + b, 0)
  }
}()

mathlib.sum(1, 2, 3)
// <- 6
```

碰巧這種模式也促使 JavaScript 工具快速成長，讓開發者（初次）將每一個 IIFE 模組都串連成一個檔案，這種做法可以減少網路的壓力，前提是當時的原始捆綁方法能夠在不破壞應用程式邏輯的情況下自動插入分號與縮小內容。

IIFE 方法的問題在於它沒有明確的依賴關係樹，開發者必須按照精確的順序來製作元件檔案清單，在使用依賴項目的模組被載入之前，先載入依賴項目（遞迴地）。

1.2.2 RequireJS、AngularJS 與依賴注入

自從 RequireJS 之類的模組系統與 AngularJS 的依賴注入機制出現以來，我們幾乎不用考慮這個問題，因為它們都可讓我們明確定義各個模組的依賴關係。

下面的範例展示如何使用 RequireJS 的 `define` 函式（已被加入全域範圍）來定義 *mathlib/sum.js* 程式庫。接下來 `define` 回呼的回傳值會被當成模組的公開介面使用：

```
define(function() {
  return sum

  function sum(...values) {
    return values.reduce((a, b) => a + b, 0)
  }
})
```

接下來我們可以用一個 *mathlib.js* 模組來收集想要納入程式庫的所有功能。在這個例子中，依賴項目只有 *mathlib/sum*，但是我們可以用同樣的方式列出任意數量的項目。我們可以在陣列裡面以依賴項目路徑來列出它們，並且從被傳入回呼的參數按相同的順序取得它們的公開介面：

```
define(['mathlib/sum'], function(sum) {
  return { sum }
})
```

我們定義程式庫之後，就可以用 require 來使用它了。注意這段程式是怎麼幫我們解析依賴關係鏈的：

```
require(['mathlib'], function(mathlib) {
  mathlib.sum(1, 2, 3)
  // <- 6
})
```

這是 RequireJS 與它的依賴樹的優點。無論我們的應用程式有沒有上百或上千個模組，RequireJS 都可以解析依賴樹，不會用到需要謹慎管理的清單。因為我們已經將依賴項目列在需要使用它們的地方了，所以不需要列出一長串的元件以及它們彼此的關係，因此不需要做“維護清單”這種容易出錯的工作。消除複雜性的大量來源只是附帶的好處而已，不是主要的好處。

在模組層級明確地宣告依賴關係可讓我們清楚地知道元件與應用程式的其他部分有什麼關係，明白這一點之後，我們可以繼續做更大規模的模組化，這在過往是很難有效率地做到的，因為依賴鏈很難追隨。

RequireJS 並非沒有任何問題，它的整個模式都與非同步載入模組有密切的關係，這對生產部署來說是不明智的做法，因為這種做法的執行效果很差。當我們使用非同步載入機制時，在多數的程式執行之前，要先以瀑流（waterfall）形式發出上百個網路請求，我們必須使用不同的工具來優化產品的組建，接著有一堆冗長的元素，最後你會得到一長串的依賴項目、RequireJS 函式呼叫式，以及讓你的模組使用的回呼，此外還有一些 RequireJS 函式與呼叫這些函式的方法，讓它們的使用更複雜。這種 API 不是最直觀的，此外還有許多方法可以做同樣的事情：用依賴項目來宣告模組。

AngularJS 的依賴注入系統也有許多同樣的問題。當時它是一種優雅的解決方案，可巧妙地解析字串來避免使用依賴項目陣列，並改用函式參數名稱來解析依賴關係。這種機制與 manifier 不相容，因為 minifier 會將參數的名稱改成單一字元，因而破壞注入機制。

AngularJS v1 在後期加入一種組建工作來將這種程式碼：

```
module.factory('calculator', function(mathlib) {
  // ...
})
```

轉換成下面的格式，因為它加入了明確的依賴項目清單，所以可以安全地簡化：

```
module.factory('calculator', ['mathlib', function(mathlib) {
  // ...
}])
```

因為這種默默無聞的組建工具太晚出現了，而且它要用額外的組建步驟來恢復不該被破壞的東西，讓大家不想要使用這種只帶來些微好處的模式。大部分的開發者依然使用他們熟悉的，類似 RequireJS 那種寫死依賴關係的陣列格式。

1.2.3 Node.js 與 CommonJS 的問世

在 Node.js 引發的諸多創新之中，出現一種 CommonJS 模組系統，簡稱 CJS。由於 CommonJS 活用 "Node.js 程式可以存取檔案系統" 這個事實，所以它更符合傳統的模組載入機制。在 CommonJS 中，每一個檔案都是一個模組，有它們自己的範圍與環境。它使用同步的 `require` 函式來載入依賴項目，這個函式可在模組的生命週期的任何時刻動態呼叫，例如這段程式：

```
const mathlib = require('./mathlib')
```

CommonJS 很像 RequireJS 與 AngularJS，都用路徑名稱來引用依賴關係。它們之間的主要差異在於 CommonJS 沒有 boilerplate[譯註] 函式與依賴關係陣列了，而且你可以將模組的介面指派給變數，或在可使用 JavaScript 運算式的任何地方使用它。

譯註 在程式設計中，boilerplate code 或 boilerplate 指的是在許多地方重複出現，而且只被少量修改或完全相同的程式。通常它們被用來代表累贅的程式。boilerplate 可譯為 "樣板"，但中文無法傳達這個意思，故直接引用原文。

與 RequireJS 或 AngularJS 不同的是，CommonJS 相當嚴格。在 RequireJS 與 AngularJS 裡面，每個檔案都可以有許多動態定義的模組，但是在 CommonJS 中，檔案與模組的關係是一對一的。同時，RequireJS 有許多種宣告模組的方式，AngularJS 則有許多種工廠、服務、供應器等等，而且 AngularJS 的依賴注入機制與這種框架本身緊密地耦合。相較之下，CommonJS 只有一種宣告模組的方式，任何 JavaScript 檔案都是一個模組，呼叫 `require` 會載入依賴項目，而且指派給 `module.exports` 的任何東西都是它的介面，因此它是更好的工具，也可以做程式自我檢查（introspection），更方便我們用來瞭解 CommonJS 元件系統階層。

最後，Browserify 的發明彌合了 Node.js 伺服器上的 CommonJS 模組與瀏覽器之間的鴻溝，只要使用 `browserify` 命令列介面程式並將入口模組的路徑傳給它，就可以將數量多到不可思議的模組結合成一個可供瀏覽器使用的包裹。CommonJS 的殺手級功能 npm 套件註冊表更在它企圖主宰模組載入生態系統時發揮決定性作用。

當然，並非只有 CommonJS 模組或 JavaScript 套件可以使用 npm，但是在當時與現在，CommonJS 模組都是 npm 的主要使用案例。使用 CommonJS 時，你只要按幾次滑鼠就可以在網路 app 中使用上千種套件（現在超過 50 萬種，而且還在穩定成長中），而且可以在 Node.js 伺服器與每個用戶端的瀏覽器上重複使用大部分的系統，這些優勢讓其他的系統難以望其項背。

1.2.4 ES6、import、Babel 與 Webpack

隨著 ES6 在 2015 年 6 月標準化，而且 Babel 早就可將 ES6 轉換成 ES5 了，我們很快迎來一場新的革命。ES6 規格加入了 JavaScript 原生的模組語法，通常稱為 ECMAScript 模組（ESM）。

ESM 在很大程度上受到 CJS 及其前身的影響，提供了一種靜態的宣告式 API，以及採用 promise 的動態可程式 API，如下所示：

```
import mathlib from './mathlib'
import('./mathlib').then(mathlib => {
  // ...
})
```

同樣的，在 ESM 中，每一個檔案都是一個模組，有它自己的範圍與環境。ESM 比 CJS 好的主要優勢之一在於 ESM 可以靜態匯入依賴項目（並且鼓勵使用）。靜態匯入大幅改善模組系統的自我檢查能力，因為模組系統可以被靜態分析，並且可用詞彙從系統的各個模組的抽象語法樹（AST）取出。ESM 的靜態匯入只限於模組的最頂層，可進一步簡化解析與自我檢查。ESM 比 CommonJS`require()` 好的另一個地方在於 ESM 有一種進行非同步模組載入的方法，也就是說，你可以視需求同時或惰性（lazy）載入應用程式的部分依賴關係圖來回應特定的事件。雖然在我寫這本書時，大多數的環境都還沒有實作這項功能，但有強烈的跡象指出 Node.js 將來應該會納入它[1]。

在 Node.js v8.5.0 中，如果 ESM 模組使用 *.mjs* 副檔名的話，你要在 `--experimental-modules` 旗標的後面加入它，大多數的長青瀏覽器都不需要旗標就可以支援 ESM 了。

Webpack 是 Browserify 的接班人，由於它具備廣泛的功能，所以在很大程度上繼承了通用模組包裝器的角色。如同 Babel 與 ES6，Webpack 長期以來一直藉由它的 `import` 與 `export` 靜態陳述式以及 `import()` 動態函式之類的運算式來支援 ESM。它採用 ESM 帶來的效益極高，這在很大程度上歸功於它採用"程式碼分割"的機制，因此可以將應用程式分割成不同的包裝，以提升初次載入體驗的效能[2]。

由於 ESM 是語言原生的工具（與 CJS 相較之下），我們預期它在接下來幾年會完全主宰模組生態系統。

1 你可以閱讀 Node.js 團隊成員 Myles Borins 著作的《The Current State of Implementation and Planning for ESModules》*https://mjavascript.com/out/esm-node*），來深入瞭解具體的細節。

2 程式碼分割（*https://mjavascript.com/out/code-splitting*）可根據不同的入口將應用程式拆成許多不同的包裝，也可以將各個包裝共用的依賴項目放到一個可重複使用的包裝裡面。

1.3 模組化設計的好處

之前談過，模組化可將範圍分散到各個模組，以協助避免意外的變數名稱衝突（相較於單一、公用的全域範例）。除了避免衝突之外，分散到各個檔案也可以在你處理任何一種功能時限制必須注意的複雜性，如此一來，團隊就可以把焦點放在眼前的工作並提高工作效率。

這種做法也可以顯著地改善**可維護性**，或有效地修改基礎程式的能力。當程式夠簡單且模組化時，你就更容易在這個基礎上面組建與擴展程式。無論團隊多大，可維護性都很有價值，就算團隊只有一個人，如果你最初不考慮編寫容易維護的程式，當你將某段程式放在一旁好幾個月之後再回來接觸它時，你將會很難改善它，甚至瞭解它。

將程式模組化是為了讓它非常容易維護。藉由保持程式段落簡單，並遵循單一功能原則（SRP），也就是讓每一段程式只負責滿足一個目的，並將這些簡單的程式組成比較複雜的元件，我們就可以用自己的方式組合更大的元件，最後變成整個應用程式。如果整個程式內的每一段程式都被模組化，我們就更容易在基礎程式中查看各個元件，整體而言，它也能夠展現複雜的行為，如同本章開頭談到的書籍出版程序一般。

模組化的應用程式內的元件都是用它們的介面來定義的。這些元件的精髓不在其實作，而在其介面。當介面有被妥善地設計時，它們就可以不間斷地成長，增加它們可以滿足的使用案例數量，且不會影響既有的使用。當你精心設計介面，你就可以輕鬆地調整或完全換掉介面背後的實作。強大的介面可有效地隱藏弱小的實作，只要介面保持不變，以後你都可以將那些程式重構成更好的實作。強大的介面也可以為單元測試提供很大的幫助，因為它讓我們不需要關心實作，只要測試介面（也就是元件或函式的輸入與輸出）就可以了。如果介面經過妥善地測試而且夠強健，我們肯定可以隨時在次要的層面上考慮它的實作。

因為與最重要的直觀介面（不與實作耦合的）相較之下，這些實作是次要的需求，所以我們可以把注意力放在彈性與簡單性的取捨上面。彈性難免付出增加複雜性的代價，所以“造成複雜性”是不提供彈性介面的主因。同時，彈性通常是必須的，所以我們要在介面中移除一些剛性因素來取得適當的平衡。這個平衡意味著介面可因為它的易用性而吸引使用者，但是也可以在必要時處理更高級或較罕見的使用案例，而不會對它的易用性造成太大的負面影響，或不需要大幅增加程式碼複雜性。

我們會在接下來的章節更深入討論彈性、簡單性、可組合性，以及未來性之間的取捨。

1.4 模組顆粒化

我們可以在系統的每一個層面應用模組化設計的概念。如果專案的需求超出最初的範圍，我們或許可以將它拆成幾個較小的專案，讓較小的團隊更容易管理它們。應用程式也是如此：當它們變大或夠複雜時，我們或許也要將它們拆成不同的產品。

如果我們想要讓應用程式更容易維護，應考慮建立具備明確定義的程式層，如此一來，當我們橫向擴展各個階層時，就可以防止新增的程式蔓延到其他無關的階層。同樣的思維也可以應用在各別的元件上，我們可以將它們拆成兩個以上較小的元件，並且用另一個小元件將它們接在一起，這個小元件可視為一個組合層，它唯一的功能就是將許多底下的元件綁在一起。

在模組階層，我們應該盡量讓函式保持簡單以及富有表達力，使用富描述性的名稱，同時不讓它有太多功能。或許我們可以用一個專用的函式把一個非同步流程底下的工作放在一起，並且把那個控制流程需要執行的各個工作分別放在其他的函式裡面，我們可以將最上層的流程控制函式當成模組的公用介面方法來公開，但是可成為公用介面的只有該函式接收輸入的參數，以及同一個函式的輸出，其他的部分都是實作細節，因此你可以將它們當成可替換的部分。

模組的內部函式也不像介面那麼嚴格：只要公用介面保持原狀，我們就可以隨意修改實作（包括組成這個實作的函式的介面）。不過，這句話的意思不是我們不需要慎重地看待介面，模組化設計的關鍵是最大限度地遵循所有的介面，包括內部函式公開的介面。

在函式裡面，我們也要將實作的各個部分元件化，像函式一樣給這些部分一個名稱，將不需要立刻在函式的主要內容中處理的複雜性推遲，直到稍後通讀（read-through）特定的程式片段時再執行。我們希望寫出可讓別人（以及未來的自己）閱讀與改寫的程式。幾乎每位寫過相當數量的程式的人都曾經在閱讀幾個月前寫好的程式時非常挫折，此時才意識到，當我們用全新的視野來看待當初的設計時，它並不像原本想像的那麼堅固。

請記得，電腦程式的開發在很大程度上是藉由人跟人的合作完成的。我們的重點不是幫電腦優化程式，好讓電腦盡量快速地執行它，如果可以，我們就能夠寫出二進位碼，或是將邏輯寫死在電路板裡面了。我們的重點是加強機構的整體能力，讓開發者可以保持工作效率，並快速理解甚至修改之前從未看過的程式。在擁抱規範與習慣做法的體制下工作，可讓開發者處於平穩的狀態，確保未來的開發與截至目前為止的編寫方式保持一致，形成一個完整的循環。

回到效能，我們應該將它視為一種功能，而且在很大程度上，它的重要性不應超過其他的功能，除非出於商業的原因而必須將效能視為系統的決定性功能，否則我們不應該設法讓系統在所有的程式路徑上都可以用最快的速度運行，若是如此，我們必然會做出極度複雜的系統，難以維護、除錯、擴展與證明。

身為開發者，我們也會經常過度設計結構，以及經常過度理解效能優化。預先為將來事業規模擴展至每秒高達數十億次交易時省下麻煩而設計包羅萬象的結構，或許可以幫我們節省可觀的時間，但也可能會讓我們陷入一系列難以理解的抽象當中，在短期之內無法獲得收益。與其在沒有任何證據的情況之下就認為成長曲線會扶搖直上，並設計相應的基礎結構與生產量，把焦點放在目前或不久就會遇到的問題是比較好的做法。

當我們不做這種長期規劃時，會出現一件有趣的事情：我們的系統可以比較自然地成長，並且能夠根據近期的需求來演化，逐步支援更大型的應用與更大的需求集合。當這種進展是漸進的，在過程中，我們就會藉由選擇或捨棄抽象來修正行為。如果我們太早確定抽象，並且最後才發現它是錯誤的，我們就要為這個錯誤付出高昂的代價。糟糕的抽象會迫使我們按照它們的意願扭曲整個應用程式，等到我們發現那個抽象很糟糕、應該移除時，可能已經為它投入大量的資源，需要付出很大的代價才能復原。這種情況加上沉沒成本謬誤（也就是我們往往只因為已經花費了大量的時間、血汗而保留抽象）是很危險的事情。

本書會用很大的篇幅來說明如何辨識正確的抽象以及在正確的時間使用它，以最大限度地降低風險。

1.5 模組化 JavaScript：必然性

因為歷史因素，JavaScript 的模組化設計特別有趣。在早期，網路有一段很長的時間沒有既定的做法，除了顯示警示方塊之外，很少人知道這種語言還有其他功能。作為一種不太成熟的動態語言，JavaScript 在靜態型態語言（例如 C#）與常見的動態語言（例如 Python 或 PHP）之間處於一個尷尬的位置。

當時缺乏原生模組的網路（因為程式是用 HTML 的 `<script>` 標籤成塊載入的）與任何其他執行環境形成鮮明的對比，在那些執行環境中，程式可以用任意數量的檔案組成，而且程式語言、它的編譯器與採用檔案系統的環境本身都支援模組化結構了。在網路上，我們才剛開始接觸原生模組的皮毛，這是其他的程式設計環境從它們誕生以來就有的東西。在第 3 頁的第 1.2 節“模組化簡史”談過，由於缺乏原生的模組載入機制，以及除了共同使用全域範圍的檔案之外沒有其他的原生模組，迫使網路社群開始發揮創意，建立他們自己的模組化方法。

後來才加入 JavaScript 的原生模組規格受到社群主導的作品很大的影響。就算到了我寫這本書的時期，我們可能還要經過兩到三年才能在網路上有效地使用原生的模組系統。到目前為止，網路甚至還沒有考慮過一些在其他地方已被廣泛採用的模式（例如階層或元件結構）。

在 2004 年 4 月，Gmail beta 用戶端程式的問世展示了如何以非同步的 JavaScript HTTP 請求來提供強大的單網頁應用程式體驗，接著在 2006 年，jQuery 在它初次發表時提供了無障礙跨瀏覽器網路開發體驗，當時很少人將 JavaScript 視為一種真正的現代開發平台。

隨著 Backbone.js、AngularJS、Ember.js 與 React 等框架的出現，網路也出現了一些新技術與突破：

- 可在 ES6 以上的環境之下編寫程式，接著將部分的程式轉換成 ES5，以支援更多瀏覽器
- 共用算繪程式，在伺服器與用戶端使用同樣的程式，在第一次載入網頁時快速算繪網頁，並且在使用者瀏覽時快速地持續載入網頁
- 自動包裹程式，將應用程式的模組包成單一包裹來優化傳遞效率
- 沿途拆開包裹，因此可輸出許多包裹，每一個都是針對初次造訪的路由優化的；在 JavaScript 模組層級包裝 CSS，因此 CSS（不具備原生模組語法）也可以拆成多個包裹
- 出現許多可在編譯期優化圖像之類的資源的做法，可在開發期間改善工作效率，保持產品部署的高效性

它們都是網路的創新技術更迭之下的產物。

創新爆炸性地出現並非純粹來自創造力，也來自必要性：網路應用程式越來越複雜，它們的範圍、目的和需求也是如此，因此，從邏輯上講，圍繞著它們的生態系統也會隨著需求的增加而擴張，提供更好的工具、程式庫、編寫技巧、結構、標準、模式，以及更多的選擇。

下一章將講解**複雜性**的意義，並且開始針對我們的程式中的複雜性建立防禦工事。我們將要遵循 "在各個元件層封裝跨層邏輯" 的規則，開始執行更簡單的程式設計。

第二章

模組化原則

模組化是處理複雜性的手段之一，但是所謂的複雜性究竟是什麼意思？

複雜性是一個意味深長的術語，指的是一個很微妙的話題。**複雜**的意思是什麼？在字典裡面，複雜的定義是："由許多互相關聯的項目組成的東西"，但是在程式設計中，複雜通常不是這個意思，有時雖然程式有上百或上千個檔案，但它仍然被視為簡單的[1]。

在同一個字典裡面，接下來的兩個定義或許比較能夠表達它在程式設計中的意思。

- "具備非常複雜的零件、單元，或以複雜的方式排列它們的特徵。"
- "由於太過複雜而難以瞭解或處理"

第一個定義指出，當一個程式的零件是以複雜的方式安排的，它就會變複雜，零件的相互聯結會變成痛點，原因可能出在複雜的介面或缺乏文件，它也是本書將要討論的複雜性面向之一。

我們可以把第二個定義視為硬幣的另一面，元件也有可能太過複雜，造成它的程式難以瞭解、除錯與擴展。本書大部分的內容都在討論如何平衡與避免這個複雜性面向。

1　在字典裡面還有其他的細節或許可以協助闡明這個主題（*https://mjavascript.com/out/complex*）。

從廣義上講，當某個東西變得難以掌握或完全理解時，它就是複雜的。根據這個定義，在典型的程式裡面的任何東西都有可能複雜化：一段程式、單一陳述式、API 層、它的文件、測試程式、目錄結構、編寫規範，甚至變數的名稱。

用程式的行數來衡量複雜性已被證實是迂腐的做法：就算你有一個內含上千行程式的檔案，但它的內容只是個常數串列（例如國家代碼或操作類型），它仍然是簡單的。反過來說，一個內含二十幾行程式的檔案也有可能令人難以置信地複雜，不僅因為它的介面，實作的部分更是如此。如果再增加幾個複雜的元件，你很快就不想再看到這個基礎程式了。

循環複雜性是程式中獨立程式碼路徑的數量，它可能是比較好的元件複雜性衡量單位。循環複雜性只可以衡量元件變得多複雜，追蹤這個測量單位對改善基礎程式的複雜性或程式的編寫風格而言幫助不大。

我們必須承認，基礎程式並非不會隨著時間改變，基礎程式通常會隨著時間而成長，與我們用它來建構的產品一樣。世上沒有百分之百完成的產品或完美的基礎程式，我們應該開發能夠適應新的條件、可擁抱時間更迭的應用程式結構。

當你大量改變作品的內容時，應該要讓該作品的 API 保持不變。它的元件的 API 表面積必須能夠輕鬆地擴展，而且你不應該在處理過時的 API 造成的問題時充滿困惑或挫折。當我們想要橫向擴展程式，而且它的規模不是只有一兩個元件時，這項工作應該是很簡單的，不需要修改許多既有的元件來配合每一個新的元件。模組化的設計如何協助我們管理元件層級與大規模的複雜性呢？

2.1 模組化設計的精髓

模組化的意思是藉由使用具備“簡潔、經過妥善測試、文件化的 API”的小型模組來處理複雜性問題。定義精確的 API 可解決互連的複雜性，而小型模組的目的是讓程式更容易瞭解與使用。

2.1.1 單一功能原則

單一功能原則（SRP）或許是最多人認同的模組化應用程式設計原則，當元件只有一個狹隘的目的時，它就可以被視為遵守 SRP。

遵循 SRP 的模組不一定要匯出單一函式作為它們的 API，只要你從元件匯出的多個方法與特性是相關的，就沒有破壞 SRP。

當你從 SRP 的角度來設計程式時，必須釐清它的功能是什麼。舉例來說，考慮一個以 Simple Mail Transfer Protocol（SMTP）傳送 email 的元件。用 SMTP 來傳送 email 這個選擇可以視為實作細節，如果我們之後想要用模板與模型來算繪郵件裡面的 HTML，那些做法也屬於 email 寄送功能嗎？

如果我們在同一個元件裡面開發 email 寄送與模板化功能，它們就有緊密的關係。而且，如果之後我們想要將 SMTP 換成 email 供應商以 API 提供的解決方案，就必須極小心地避免干擾同一個模組裡面的模板化功能。

下面的程式展示一段混合模板化、消毒（sanitization）、email API 用戶端實例化，與 email 傳送的緊密耦合程式：

```
import insane from 'insane'
import mailApi from 'mail-api'
import { mailApiSecret } from './secrets'
function sanitize (template, ...expressions) {
  return template.reduce((result, part, i) =>
    result + insane(expressions[i - 1]) + part
  )
}
export default function send (options, done) {
  const {
    to,
    subject,
    model: { title, body, tags }
  } = options
  const html = sanitize`
    <h1>${ title }</h1>
    <div>${ body }</div>
    <div>
    ${
      tags
```

```
        .map(tag => `${ <span>${ tag }</span> }`)
        .join(` `)
    }
    </div>
  `
  const client = mailApi({ mailApiSecret })
  client.send({
    from: `hello@mjavascript.com`,
    to,
    subject,
    html
  }, done)
}
```

或許比較好的做法是建立一個獨立的元件，讓它根據模板與模型來算繪 HTML，而不是在傳送 email 的元件裡面直接加入模板化程式。我們可以之後再加入 email 模組的依賴項目來傳送那個 HTML，或建立第三個模組，專門用來執行綁定。

如果它讓使用者使用的介面保持不變，你就可以把獨立的 SMTP email 元件換掉，改用其他方式寄送 email 的元件，例如透過 API、登入資料庫或寫到標準輸出等等。此時，寄 email 的方式就變成實作的細節，而介面會更不靈活，因為它被許多模組使用。不靈活的介面可讓我們執行工作，同時又能讓我們根據眼前的使用案例輕鬆、靈活地替換實作。

下面的範例是一個 email 元件，它只負責設置 API 用戶端，並採用一個周到的介面，用這個介面來接收 `to` 收件者、email `subject`，與它的 `html` 內文，接著傳送 email。這個元件的目的只有一個，寄出 email：

```
import mailApi from 'mail-api'
import { mailApiSecret } from './secrets'

export default function send(options, done) {
  const { to, subject, html } = options
  const client = mailApi({ mailApiSecret })
  client.send({
    from: `hello@mjavascript.com`,
    to,
    subject,
    html
  }, done)
}
```

開發一個遵循同樣的 send API，但以不同的方式寄出 email 的模組來替換原本的模組並不是件難事。下面的範例使用不同的機制，只將訊息 log 到主控台，雖然這個元件並未實際寄出任何 email，但它很適合用來除錯：

```
export default function send(options, done) {
  const { to, subject, html } = options
  console.log(`
    Sending email.
    To: ${ to }
    Subject: ${ subject }
    ${ html }`
  )
  done()
}
```

我們也可以採取同樣的模式來開發正交的模板元件，讓它的實作與 email 寄送沒有直接的關係。下面的範例是從原本那個耦合的程式取出來的，但它只負責以模板和使用者提供的模型來產生消毒過的 HTML：

```
import insane from 'insane'

function sanitize(template, ...expressions) {
  return template.reduce((result, part, i) =>
    result + insane(expressions[i - 1]) + part
  )
}

export default function compile(model) {
  const { title, body, tags } = model
  const html = sanitize`
    <h1>${ title }</h1>
    <div>${ body }</div>
    <div>
    ${
      tags
        .map(tag => `${ <span>${ tag }</span> }`)
        .join(` `)
    }
    </div>
  `
  return html
}
```

只要可替換的元件之間擁有一致的 API，稍微修改 API 應該不成問題。例如，你可以寫一個不同的程式，除了 model 物件之外也接收模板代碼，如此一來模板本身也可以和 compile 函式解耦。

當我們的每一個模組都有同樣的簽章，因而各個實作的 API 保持一致時[2]，我們很容易就可以視實際的情況替換程式，例如執行環境（開發 vs. 模擬 vs. 生產）或任何其他我們需要依賴的動態環境。

如前所述，你可用第三個模組來將處理各種問題的元件（例如模板化與 email 寄送）組合起來。下面的範例將 email log 供應器與靜態模板化函式組合起來，有趣的是，這個模組也沒有破壞 SRP，因為它唯一的功能就是將其他的模組組合起來：

```
import { send } from './email/log-provider'
import { compile } from './templating/static'

export default function send (options, done) {
  const { to, subject, model } = options
  const html = compile(model)
  send({ to, subject, html }, done)
}
```

我們已經從功能的角度來討論 API 的設計了，但同樣有趣的是，我們幾乎不用擔心這些介面的實作。在埋頭撰寫介面的實作之前先設計介面有什麼好處？

2.1.2 API 優先

模組的優良程度最多只會與它的公開介面一樣，傑出的介面可能隱藏著不良的實作，更重要的是，有優秀的介面，代表只要我們想要加入更好的實作，就可以立刻換掉劣質的程式。因為 API 保持一致，我們可以決定要同時換掉所有的實作，還是在讓使用者使用新的實作時，讓兩者並存。

2 例如，或許有一段程式只用行內模板來編譯 HTML email，另一個使用 HTML 模板檔案，另一個可能依賴第三方服務，另一個可將 email 編譯成純文字。

有缺陷的 API 非常難以修復，因為可能有許多實作遵循我們想要修改的介面，這意味著當我們想要變動 API 本身時，也要修改每一個使用方的 API 呼叫式。需要修改的 API 呼叫式會隨著時間而增加，而且隨著專案的成長，API 也會越來越難以修改。

仔細地設計公開介面對開發易維護系統而言至關重要。良好的介面可讓人加入符合該介面的新實作，因而經得起時間的考驗。正確的介面可讓人輕鬆地使用該元件最基本或最常用的使用案例，同時也保持足夠的彈性，可支援後續出現的使用案例。

一個介面通常不需要支援多個實作，儘管如此，我們必須先從公用 API 的角度來思考。將實作抽象化只是拚圖的一小部分而已，API 設計的解答在於找出使用方需要的特性與方法，同時讓介面越小越好。

當我們實作新元件時，有一個很好的經驗法則是寫下我們需要對新元件發出的 API 呼叫。例如，我們可能希望用一個元件與 Elasticsearch REST API 互動。Elasticsearch 是一種資料庫引擎，它具備先進的搜尋與分析功能，而且它的文件是以索引來儲存並且用類型來排列的。

在下面的程式中，假設我們有個 `./elasticsearch` 元件綁定一個公用的 `createClient`，會用一個回傳 `Promise` 的 `client#get` 方法來回傳一個物件。注意查詢指令的詳細程度，它可以在真實世界中搜尋被標上 `modularity` 與 `javascript` 的部落格文章：

```
import { createClient } from './elasticsearch'
import { elasticsearchHost } from './secrets'

const client = createClient({
  host: elasticsearchHost
})
client
  .get({
    index: `blog`,
    type: `articles`,
    body: {
      query: {
        match: {
          tags: [`modularity`, `javascript`]
```

```
          }
        }
      }
    })
    .then(response => {
      // ...
    })
```

使用 createClient 方法可以創造一個用戶端，建立與 Elasticsearch 伺服器的連結。如果連結被切斷了，我們假想的元件將會無縫地重新連接伺服器，但是我們不需要為使用方擔心這件事。

傳給 createClient 的組態選項可以調整用戶端嘗試重新連接的積極程度。設定 backoff 可以切換是否使用指數後退（exponential back-off）機制：當用戶端無法建立連結時，它等待的時間會越來越長。

預設啟用 optimistic 可讓查詢指令在伺服器連結尚未建立時等待連結建立之後再執行，以免陷入被拒絕的狀態。

雖然我們在這個假想的 API 使用範例中明確指出的設定只有 host，但是讓實作在它的 API 提供新的設定又不破壞回溯相容性也很容易。

client#get 方法會回傳以 index、type 和查詢來詢問 Elasticsearch 之後得到的結果設定的 promise。當查詢導致 HTTP 錯誤或 Elasticsearch 錯誤時，promise 就會被拒絕。為了建構端點，我們使用建立 client 的 index、type 與 host。對於請求酬載，我們使用 body 欄位，它遵循 Elasticsearch Query DSL[3]。我們很容易就可以加入更多 client 方法，例如 put 與 delete。

為了瞭解 API 將會被如何使用，遵循 API 優先法至關重要。藉由將焦點放在介面上，我們刻意避免進行實作，直到明確地知道元件需要什麼介面為止，當我們知道需要什麼介面之後，就可以開始實作元件了。務必針對介面來編寫程式。

請注意，我們的重點不僅在於手上的範例直接處理了哪些問題，也在於它沒有解決哪些問題：改善的空間、邊緣案例、API 將來可能如何改變、既有的 API 能否在不破壞回溯相容性的情況下提供更多的用途。

3 你可以查看 Elasticsearch Query DSL 文件（*https://mjavascript.com/out/es-dsl*）。

2.1.3 揭露模式

當你公開元件內的所有東西時，就沒有東西可當成實作細節了，這會讓程式的修改變得困難。在特性前面加上底線對不使用它們的使用方而言是不夠的，比較好的做法是最初就不要公開私用特性。

只公開準備讓外部的使用方使用的東西可讓元件避開麻煩，如此一來，使用方就不需要擔心觸及未被文件化、只供內部使用的接觸點，無論它們有多誘人，因為它們最初就沒有被公開了。當元件的製造者將只供內部使用的接觸點內部化時，也不需要擔心使用者使用它們。

在下面這段將 counter 物件的整個實作公開化的程式中，我們從 _state 名稱的第一個底線知道，雖然它不想被當成公用 API 的一部分，但它仍然被公開了：

```
const counter = {
  _state: 0,
  increment() { counter._state++ },
  decrement() { counter._state-- },
  read() { return counter._state }
}
export default counter
```

比較好的做法是明確地公開我們想要公開的方法與特性：

```
const counter = {
  _state: 0,
  increment() { counter._state++ },
  decrement() { counter._state-- },
  read() { return counter._state }
}
const { increment, decrement, read } = counter
const api = { increment, decrement, read }
export default api
```

這類似有些程式庫在 JavaScript 出現適當的模組之前的寫法：將不想要洩露到全域範圍的東西全部放到一個 closure 裡面，讓實作維持私用，接著回傳一個公用的 API。僅供參考，下面的程式是改用 closure 的等效元件：

```
(function(){
  const counter = {
    _state: 0,
    increment() { counter._state++ },
    decrement() { counter._state-- },
    read() { return counter._state }
  }
  const { increment, decrement, read } = counter
  const api = { increment, decrement, read }
  return api
})()
```

當你在介面上公開接觸點時，一定要判斷使用者究竟需不需要那個接觸點、他們如何從中受益，以及是否可讓它更簡單。例如，與其公開許多接觸點讓使用者選擇，對使用者來說比較好的方式或許是使用單一接觸點，根據收到的輸入來提供適當的程式路徑，這種做法也可以減少元件的實作與介面的耦合。

以 API 優先的角度來思考是很有幫助的：當我們充分瞭解我們想要哪一種 API 表面時，就可以決定如何讓使用者與元件互動。

當新的使用案例出現，而且元件系統日益成長時，我們應該維持 API 優先的思維方式與揭露模式，不讓元件突然變得更複雜。逐漸加入複雜性可協助為元件設計正確的介面，這種介面不需要提供每一種想像得到的解決方案，但如果使用者的使用案例屬於元件的責任範圍的話，它也可以優雅地解決它們。

2.1.4 找出正確的抽象

開放原始碼軟體經常被使用者要求為他們量身訂做某個元件的功能。僅以表面上的價值來評估功能的要求或需求是不夠的，我們必須更深入地研究使用者要求的功能、我們已經規劃的功能、以及元件未來想要提供的功能之間的共同點。

當然，讓元件滿足多數使用者的需求很重要，但這不代表你要試著滿足每一個使用案例或單一使用案例。幾乎毫無例外的是，這樣做會導致重複的邏輯、在 API 層造成不一致，產生多種完成相同目標，但結果卻不一致的方法。

如果我們可以找到共同點，就可讓抽象有較少的摩擦，有助於避免之前提到的不一致。例如，考慮 DOM 事件監聽器的案例：我們有個 HTML 屬性，每一個事件處理器都有匹配的 JavaScript DOM 元素特性，例如 onclick、onchange、oninput 等等。每一個特性都可以被指定一個處理事件的 listener 函式。此外有個 EventTarget#addEventListener，它的簽章類似 addEventListener(type, listener, options)[4]，可將所有處理事件的邏輯集中在單一方法裡面，它以參數接收事件的 type。它是一種比較好的 API，原因有幾個，首先，EventTarget#addEventListener 是個方法，所以它的行為已被明確定義，但 on* 處理器是以賦值來設定的，這種定義不太明確：指派事件處理器的效果何時生效？處理器如何移除？我們只能使用單一事件處理器嗎？還是還有其他的方法？當我們指派一個非函式值作為事件監聽器時，會出現錯誤嗎？當我們試著呼叫非函式時，引發的事件會產生錯誤嗎？而且，新的事件類型可以透明地加入 addEventListener 而不需要改變 API 表面，但是如果使用 on* 技術的話，我們就需要加入另一個特性。

當我們在做跨瀏覽器 DOM 操作，需要處理奇特的功能時，抽象也有很大的幫助。此時比較好的做法是使用 on(element, eventType, eventListener) 這種函式，而不是每次都先測試 addEventListener 是否受到支援，再視情況決定使用哪種事件監聽項目最好。抽象可以大幅減少重複的程式，並且用一致的做法處理每一種情況，以限制複雜性。

上面的例子清楚地展示抽象可大幅改善不良的介面，不過最終的結果不一定如此。如果你最初不清楚使用案例彼此間有沒有自然的關係，在合併它們時，使用抽象的成本可能很高。太早合併使用案例的話，可能會發現被抽象隱藏的複雜性很小，造成你獲得的好處被抽象本身的複雜性抵消了。合併最初關係不大的案例其實會增加複雜性，最終建立超乎需求的緊密關係，不但無法如同當初設想地降低複雜性，更是適得其反。

4 options 參數是選用的組態物件，它對這個網路 API 來說是較新的物件。我們可以設定 capture 之類的旗標，它的行為與傳遞 useCapture 旗標一樣；passive 可取消在 listener 裡面對於 event.preventDefault() 的呼叫；也可以設定 once，代表事件監聽器必須在被初次呼叫之後移除。

較好的做法是等到可區分的模式浮現，而且加入抽象可以顯著降低複雜性時才動手。當這種模式浮現時，我們就可以充滿信心地認為那些使用案例確實是相關的，同時也有更好的資訊可協助瞭解抽象能否簡化程式。

進行抽象化時，我們可能因為加入新的間接層而產生複雜性，從而削弱在整體程式中追隨各個程式流的能力。另一方面，狀態會在程式中動態流改程式流，進而產生複雜性。沒有狀態的話，整體程式會以相同的方式從開始跑到結束。

2.1.5 狀態管理

如果我們不保存狀態，應用程式就沒有太大的功用。我們必須追蹤使用者的輸入或目前的網頁之類的事項，才能決定該顯示什麼東西，以及如何協助使用者。從這個意義上說，狀態是“使用者輸入的東西”的函數：當使用者與我們的應用程式互動時，狀態就會增加與變化。

應用程式的狀態來自持久保存的資料庫或 API 伺服器的記憶體快取之類的儲存體，這一種狀態可能被使用者影響，例如當使用者決定寫下評論時。

狀態除了有個別使用者與應用程式範圍的狀態之外，也有在程式裡面的中間狀態。這種狀態是暫時的，通常綁定特定的事項，例如伺服器端的網路請求、用戶端的瀏覽器標籤，以及（在較低的層次上）類別實例、函式呼叫，或物件的特性。

我們應該將狀態視為程式的內部熵。當狀態起主導作用時，熵就起主導作用，應用程式就會變得難以除錯。模組化設計的目標之一是將狀態控制得越少越好。當應用程式變大時，狀態也會變大，潛在的狀態排列方式也會隨之成長。模組處理這種問題的做法是將狀態樹砍成可管理的小片段，讓每一個分支負責處理狀態的特定子集合。這種做法可讓我們在基礎程式變大時應付不斷成長的應用程式狀態。

當函式的輸出完全由它的輸入決定時，它就稱為**純**函式。純函式除了回傳輸出之外不會產生任何副作用。在下面的範例中，`sum` 函式可接收 `numbers` 串列並回傳將所有元素總和的結果，它是純函式，因為它不考慮任何外部狀態，也不產生任何副作用：

```
function sum(numbers) {
  return numbers.reduce((a, b) => a + b, 0)
}
```

有時我們需要在各個函式呼叫之間保存狀態。例如，在製造簡單的遞增計數器時，我們可能會做出下面這種模組。`increment` 函式不是純的，因為 `count` 是個外部狀態：

```
let count = 0
const increment = () => count++
export default increment
```

這個匯出不純函式的模組有一個副作用：呼叫 `increment` 會得到什麼結果取決於應用程式的各個地方是如何使用它的，因為對於 `increment` 的每次呼叫都會改變它的輸出。隨著程式中的程式碼數量不斷增加，`increment` 這種不純函式的潛在行為也會增加，讓不純函式變得越來越不受歡迎。

其中一種解決這種問題的方法是公開一個本身是“純的”的工廠，就算這個工廠回傳的物件不是純的。下面的程式會回傳一個計數器工廠，`factory` 不會被外部的輸出影響，所以它是純的：

```
const factory = () => {
  let count = 0
  const increment = () => count++
  return increment
}
export default factory
```

只要我們在程式的特定部分使用 `factory` 生產的各個計數器（而且這些部分知道彼此的使用），狀態就比較容易管理，最終就會涉入較少的移動部分。當我們消除公開介面的不純度時，就可以有效地將熵限制在呼叫方程式上，讓使用方每次都收到全新的計數器，由它全權負責管理狀態，它仍然可以將 `counter` 傳給它的依賴項目，但它仍然控制依賴項目操縱那個狀態的方式，如果有的話。

這是我們可以在坊間的程式中發現的做法，有些熱門的程式庫，例如 Node.js 的 `request` 套件，可用來發出 HTTP 請求[5]。`request` 函式在很大程度上依賴我們傳遞合理的預設值給它的 `options`。有時我們想要讓請求使用不同的預設值組合。

程式庫或許也可以提供一個解決方案，讓我們改變每次呼叫 `request` 時的預設值，但這是糟糕的設計，因為它會讓 `options` 的處理更不穩定；我們必須考慮基礎程式的每一個角落，才能確定呼叫 `request` 時使用的 `options`。

`request` 的解決方案是使用一個 `request.defaults(options)` 方法來回傳與 `request` 的 API 相同的 API，但是將新的預設值套用到既有的預設值上面。這種做法可避免意外的行為，因為只有呼叫方與它的依賴項目可以使用修改過的 `request`。

2.2 CRUST：一致、有彈性、明確、簡單與精簡

有口皆碑的 API 通常包含以下的幾種特性：它是**一致的**，代表它是冪等的（idempotent）[6]，而且相關的函式都有類似的簽章外觀。它是**有彈性的**，代表它的介面是靈活的，可接收好幾種表達方式的輸入，包括選用的參數與多載。此外，它是**明確的**：不用做太多關於如何使用 API、它做什麼事情、如何提供輸入，以及如何瞭解輸出的解釋。除了以上的特性之外，它要設法保持**簡單**：它很容易使用，而且不需要做什麼設置就能處理常見的使用案例，同時可供訂製進階的使用案例。最後，CRUST 介面也是**精簡的**：它可滿足目標，又不過度設計，具備盡可能小的表面積，也可以在未來不斷擴展。CRUST 主要與系統（無論是套件、檔案或函式）的外層有關，但這個原則會滲透到它的元件的內部，讓整體的程式更簡單。

CRUST 原則需要考慮許多因素，我們接下來會試著剖析它。這一節將要討論這些特徵，解釋它們的意思，以及為什麼讓介面遵守它們很重要。

---

5 你可以在 GitHub 找到 `request`（*https://mjavascript.com/out/request*）。

6 收到同一組輸入時，冪等函式一定會產生相同的輸出。

2.2.1 一致

人類很擅長辨識各種模式，當我們閱讀時也是如此。這也是我們可以在句子的多數母音都被移除的情況下閱讀它們的原因之一（此外也可以根據上下文）。刻意建立一致的模式可讓程式更容易閱讀，並且讓我們不用在看到兩段相同、等效，甚至執行相同的工作的程式時，還要懷疑並調查為何它們長得一模一樣：到底是因為它們執行稍微不同的工作？還是它們的程式不同，但最終結果是相同的？

如果一組函式有相同的 API 外觀，使用者就可以直觀地推斷如何使用下一個函式。考慮原生的 `Array`，它的 `#forEach`、`#map`、`#filter`、`#find`、`#some` 與 `#every` 全都用第一個參數來接收回呼，並且可以選擇用第二個參數傳入呼叫那個回呼時的環境。此外，回呼可用參數接收當前的 `item`、那個項目的 `index` 以及 `array` 本身。但是 `#reduce` 與 `#reduceRight` 方法稍微不同，因為回呼的第一個參數接收 `accumulator`，但是它接下來也是接收當前的 `item`、那個項目的 `index` 以及 `array`，所以外形與我們習慣的函式很像。

所以我們幾乎不用查看文件來瞭解這些函式。它們的差異只在於使用者提供的回呼會被如何使用，以及方法會回傳什麼值。`#forEach` 不回傳值。`#map` 回傳每次呼叫的結果。`#filter` 只回傳讓回呼回傳 true 值的項目。`#some` 回傳 `false`，除非其中一個項目讓回呼回傳 true 值，此時它會回傳 `true`，並跳出迴圈。`#every` 回傳 `false`，除非每一個項目都讓回呼回傳 true 值，此時它會回傳 `true`。

如果我們的函式執行的是類似的工作，卻有不同的外觀，使用者就必須設法記得各個函式的外觀，因此無法把注意力放在眼前的工作上。對基礎程式的各個層面而言，保持一致性都很重要：一致的程式風格可在合併程式時減少開發人員之間的摩擦與衝突，一致的外觀可優化易讀性並建立直覺，一致的名稱與結構可減少意外，讓程式保持一致。

一致性適用於應用程式的任何階層，因為一致的階層在很大程度上可視為基礎程式中單一、原子化的部分。如果階層不一致，使用者就要費力地以一致的方式使用應用程式的那個部分，或將資料傳給它。

這枚硬幣的另一面是彈性。

2.2.2 彈性

提供彼此間外觀一致的介面很重要，讓這些介面可以用不同的方式接收輸入通常也一樣重要，儘管彈性不一定是必須的。彈性是關於“認出我們應該接受的輸入種類，以及讓介面只接收那些輸入”。

我們可以在 jQuery 程式庫裡面找到一個傑出的彈性輸入範例。由於 jQuery 的 `$` 主函式有超過十個多型多載[7]，它幾乎可以處理收到的任何參數。下面是完整的 `$` 函式多載清單，它是 jQuery 程式庫主要匯出的東西。

- `$()`
- `$(selector)`
- `$(selector, context)`
- `$(element)`
- `$(elementArray)`
- `$(object)`
- `$(selection)`
- `$(html)`
- `$(html, ownerDocument)`
- `$(html, attributes)`
- `$(callback)`

---

7 當函式有多載的簽章，可在同一個位置處理兩個以上的型態時（例如陣列或物件），那個參數就是多型的。多型的參數會讓編譯器難以編譯該函式，讓程式的執行更緩慢。當這個多載位於熱路徑（hot path，也就是很常被呼叫的函式）時，這種衝擊會對效能造成更大的負面影響。你可以閱讀 Vyacheslav Egorov 寫的“What's Up with Monomorphism”（*https://mjavascript.com/out/polymorphism*）來進一步瞭解關於編譯器的影響。

雖然 JavaScript 程式庫經常以多載提供同一個方法的 getter 與 setter，但 API 方法通常必須有單一、良好定義的功能，在多數情況下，這種做法可轉化成簡潔的 API 設計。在錢號函式的例子中，我們有三種使用案例：

- `$(callback)` 可指定一個在 DOM 完成載入時執行的函式。
- `$(html)` 多載可用收到的 `html` 建立元素。
- 所有其他的多載負責匹配 DOM 裡面的元素與收到的輸入。

雖然我們也可以考慮讓選擇器與元素建立程式扮演 getter 與 setter 的角色，但使用 `$(callback)` 多載讓人覺得怪怪的。後退一步，我們知道 jQuery 是一個有幾十年歷史、改變了前端開發的程式庫，大部分的原因是它很容易使用。在當年，人們經常需要等候 DOM-ready 事件，所以讓使用者用錢號函式來監聽 DOM-ready 的事件是合理的做法。當然，jQuery 是個獨特的案例，儘管如此，它仍然是個很好的案例，可說明提供多個多載如何產生一個極其簡單的介面，雖然多載的數量多到讓使用者難以記得。jQuery 大部分的方法都可讓使用者以許多方式提供輸入，同時不更改那些方法的功能。

我們很難找到外觀類似 jQuery 的新程式庫。現代的 JavaScript 程式庫與應用程式都傾向比較模組化的做法，所以 DOM-ready 的回呼有它自己的函式，或許有它自己的套件。不過分析 jQuery 仍然可以瞭解許多事情。這個程式庫可提供很棒的使用體驗，因為 jQuery 介面幾乎不會誤解輸入以及產生令人意外的輸出。在 jQuery 的結構中，我們也可以發現一種做法：不要丟出 bug 導致的錯誤或是在使用者自己的程式裡面產生的錯誤，以避免讓使用者氣餒。當 jQuery 發現不適當的輸入參數時，往往會回傳一個空的匹配串列。但是沉默的失敗可能會產生麻煩：它可能會讓使用者得不到關於問題的任何線索，無法掌握它究竟是他們自己的程式內的問題，還是他們使用的程式庫的 bug，或出於其他原因。

就算程式庫與 jQuery 一樣靈活，盡早認出無效的輸入也很重要。例如，下面的程式展示 jQuery 收到它無法解析的選擇器時丟出錯誤的情況：

```
$('{div}')
// <- Uncaught Error: unrecognized expression: {div}
```

除了多載之外，jQuery 也有大量的選用參數。多載的目的是用不同的方式接收某個特定的輸入，但選用參數有不同的目的，其中一個目的是加強函式，讓它支援更多的使用案例。

原生的 DOM fetch API 是個很好的選用參數案例。下面的程式有兩個 fetch 呼叫式，第一個只接收我們想要抓取的 HTTP 資源字串，假設使用 GET 方法。我們在第二個案例指定第二個參數，並指出想要使用 DELETE HTTP 動詞：

```
await fetch('/api/users')
await fetch('/api/users/rob', {
  method: 'DELETE'
})
```

假設我們是 fetch 的 API 設計者，最初只想要用它來做 GET ${ resource }。當有人要求我們提供選擇 HTTP 動詞的功能時，我們可以避免使用選項（options）物件，直接使用 fetch(resource, verb) 多載。雖然這種做法符合特定的需求，但考慮得不夠長遠，一旦有人要求我們設置其他的東西，我們就得提供 fetch(resource, verb) 與 fetch(resource, options) 多載，以避免破壞回溯相容性。更糟糕的是，我們可能會加入第三個參數來設置下一個需求，很快的，我們會做出類似惡名昭彰的 KeyboardEvent#initKeyEvent 方法的 API，它的簽章長這樣[8]：

```
event.initKeyEvent(type, bubbles, cancelable, viewArg,
                   ctrlKeyArg, altKeyArg, shiftKeyArg,
                   metaKeyArg, keyCodeArg, charCodeArg)
```

為了避免這種陷阱，最重要的事情是確定函式的核心使用案例（例如解析 Markdown），接著在使用 options 物件之前，只允許我們自己使用一或兩個重要的參數。在 initKeyEvent 的例子中，我們只將 type 視為重要的參數，其他的東西都可以放在 options 物件裡面：

```
event.initKeyEvent(type, { bubbles, cancelable, viewArg,
                   ctrlKeyArg, altKeyArg, shiftKeyArg,
                   metaKeyArg, keyCodeArg, charCodeArg })
```

8　見 MDN 文件（*https://mjavascript.com/out/initkeyevent*）。

易讀性是 API 設計的關鍵之一。你可以想一下：使用者在不查看文件的情況下可以用得多好？在一開始的 `KeyEvent` 案例中，他們沒辦法良好地使用，除非他們記得 10 個參數的位置與它們的預設值，不過他們通常每次都要查看文件。當你設計參數可能超過四個的介面時，使用 `options` 物件有很多優點：

- 使用者可以用任何順序宣告選項，因為在 `options` 物件裡面，引數的位置並不重要。
- API 可為各個選項提供預設值，避免讓使用者只為了改變其他位置的參數而指定預設值[9]。
- 使用者不需要關心他們不需要的選項。
- 開發人員只要閱讀使用這個 API 的程式就可以立刻瞭解各個參數的用途，因為它們在 `options` 物件裡面有明確的名稱。

隨著工作的進行，我們自然會不斷回來使用 API 設計中的 `options` 物件。

2.2.3 明確性

函式的輸出的外觀不應該被函式如何接收輸入或產生什麼結果影響。這條規則是普世同意的：盡量不要嚇到 API 的使用者。雖然在少數情況下，我們可能會犯下錯誤，做出不明確的 API，但是對於同一種類型的結果，我們應該回傳同一種類型的輸出。

例如，當 `Array#find` 無法找到任何符合它收到的述詞（predicate）函式的項目時，永遠都要回傳 `undefined`，舉例來說，如果它在陣列是空的時回傳 `null`，就會與其他的使用案例不一致，所以這是不對的，會讓使用者不知道究竟要針對 `undefined` 還是 `null` 進行測試，而且因為不確定做法，他們最後可能會使用寬鬆的相等比較，因為 `== null` 同時匹配 `null` 與 `undefined`。

9 假設我們有個 `createButton(size = 'normal', type = 'primary', color = 'red')` 方法並且想要改變它的顏色，我們必須採取這種做法：`createButton('normal', 'primary', 'blue')`，只因為這個 API 沒有 `options` 物件。如果這個 API 改變它的預設值，我們也要相應地改變任何函式呼叫式。

同樣的，避免使用會將結果轉換成不同的資料型態的選用輸入參數。可能的話，盡量採取組合式的做法，或使用新的方法。在回傳結果前，用一個選項來指出某個原始物件（例如 `Date`）或 DOM 元素是否應該包在一個 jQuery 或類似的程式庫（例如 `moment`）的實例內，或使用一個 `json` 選項，在 `true` 時將結果變成 JSON 格式的字串，否則回傳一個物件都是不明智的做法，除非你有技術上的原因必須這麼做。

你不一定要用同一個回應外形來處理失敗與成功，失敗的結果可能永遠是 `null` 或 `undefined`，而成功的結果可能是個陣列串列。但是所有失敗案例與所有成功案例分別都要一致。

使用一致的資料型態可減少意外，並提升使用者對 API 的信心。

2.2.4 簡單性

注意在最簡單的案例之下使用 `fetch` 有多麼容易：它只要接收我們想要 `GET` 的資源，並回傳一個協商取得該資源的結果的 promise：

```
const res = await fetch('/api/users/john')
console.log(res.statusCode)
// <- 200
```

如果我們想要做更多事情，可以將一個 `.json()` 呼叫式接到回應物件後面，來瞭解更多關於已取得的回應的資訊：

```
const res = await fetch('/api/users/john')
const data = res.json()
console.log(data.name)
// <- 'John Doe'
```

如果我們想要移除使用者，就要提供 `method` 選項：

```
await fetch('/api/users/john', {
  method: `DELETE`
})
```

如果沒有指定資源，fetch 函式就無法做太多事情，所以這個參數不屬於 options 物件，而是必須的參數。fetch 介面可以保持簡單的關鍵因素是它讓每一個其他的參數都有合理的預設值。method 的預設值是 GET，它是最常見的 HTTP 動詞，而且是最有可能被使用的一種。好的預設值是保守的，而好的選項是附加的。fetch 函式在預設情況下不傳送任何 cookie（保守的預設），但將 credentials 選項設為 include 來讓 cookie 可以工作（附加的選項）。

舉另一個例子，我們可以實作一個 Markdown 編譯函式，讓它有一個預設的選項支援自動連結資源定位器，並且可以讓使用者用 autolinking: false 選項來停用它。在這個例子，隱藏的預設值是 autolinking: true。有時使用否定的選項名稱（例如 avoidAutolinking）是很好的做法，因為它可讓預設值成為 false，當那個選項不需要由使用者提供時，似乎沒什麼不好。但是否定的選項往往會讓使用者搞不懂雙重否定的意思，例如 avoidAutolinking: false，所以最好使用附加或正面的選項，避免雙重否定：autolinking: true。

回到 fetch，注意我們在最簡單的案例中，需要使用哪些小設定或與實作有關的知識，當我們需要選擇 HTTP 動詞時，它幾乎不必改變，因為我們只需要加入一個選項即可。精心設計的介面可讓使用者毫不費力地在最簡單的使用案例下使用 API，同時讓他們只要多花一點精力就可以處理稍微複雜一些的使用案例。隨著使用案例越來越複雜，介面的調整也會如此，這是因為我們已經將介面運用到極致了，但我們仍然可以看到藉由優化最常見的使用案例來保持介面的簡單需要花費多少精力。

2.2.5 微小的表面積

任何介面都可以因為盡量維持小的表面積而受益。小的表面積代表可能失敗的測試案例更少、可能出現的 bug 更少、使用者濫用介面的方式更少、文件更少，而且因為選擇較少，所以更容易使用。

介面的可塑性取決於它的使用方式。模組私用的函式與變數只依賴該模組的其他部分，因此具備高度的可塑性。模組的公用 API 的元件沒有那麼大的可塑性，因為改變它可能也要改變每個依賴項目使用它的方式。如果那些元件構成套件的公用 API，我們就要研究程式庫的版本才可以安全地拆解公用 API 而不會產生重大且意想不到的影響。

但是並非所有變動都是破壞性的變動。例如，我們可以從 `fetch` 這種介面看到，它就算面對變動仍然保有高度的可塑性。即使對最簡單的使用案例（`GET /resource`）來說這個介面很小，但 `options` 參數也有可能跳躍式增長，卻不會給使用者帶來麻煩，同時又能擴展 `fetch` 的功能。

為了避免做出許多針對類似的問題採取稍微不同的做法的介面，我們可以整體性地設計介面來處理潛在的共同點，在過程中盡量重複使用元件的內部實作。

知道以上的模組化思維與介面設計原則之後，我們要把注意力轉移到模組的內容與實作的部分了。

第三章

模組設計

站在 API 與文件化的角度設計出來的模組比不採取這種做法的模組還要容易使用。你可能會認為模組的內部沒有那麼重要：“只要維持一個好的介面，我們就可以隨便放入任何東西了！”但是好用的介面只是公式的一邊而已，它對於維持應用程式的可維護性而言幾乎不起作用。正確設計模組內容可協助維持程式的易讀性，以及明確指出它的意圖。本章將討論如何在編寫模組時考慮它的伸縮性，同時又不會遠遠超過目前的需求。我們會更深入討論 CRUST 限制，最後詳細說明如何在模組隨著時間變大與變複雜時修剪它們。

3.1 培育模組

小型、單一功能的函式是簡潔模組的命脈。專用的函式很容易擴展，因為它們只在它們所屬的模組裡面引入少量的結構複雜性，就算那個模組成長到 500 行程式也是如此。小函式的效用不一定比大函式低，它們的發揮的作用依其組合方式而定。

假設我們將 100 行的程式拆成三個以上較小型的函式，而不是將它們寫成單一函式，我們以後就可以在模組的其他地方重複使用其中一個小函式，它們也有可能對它的公用介面有很大的幫助。

本章將討論如何減少模組規模的複雜性。雖然我們在這裡討論的觀點大都會影響函式的編寫方式，但是在下一章我們還會專門花時間來研究如何開發簡單的函式。

3.1.1 可組合性與可伸縮性

利落地組合函式是高效模組設計的核心，函式是程式的基本單位。我們可以盡量不編寫太多函式，只編寫讓使用者呼叫的、或需要傳給其他介面的函式，但這種做法無法大幅提升程式的可維護性。

我們可以只憑直覺決定哪些程式值得擁有它自己的函式，哪些最好放在更大型的程式裡面，但是這種做法可能導致不一致性，具體的做法會因為一時的想法，以及團隊的每一位成員對於函式該如何拆解的認知而有所不同。我們將在下一章看到，結合經驗法則與直覺是有效維持函式簡單並限制其範圍的好方法。

在模組規模上，我們必須在實作功能時考慮 API 表面。當我們規劃新的功能時，必須考慮抽象對使用者來說是不是正確的、它如何隨著時間的推移而演變與擴展，以及它可以多麼狹隘或廣泛地支援使用案例。

在考慮抽象是否正確時，假設我們有個函式是個 DOM 元素的 `draggable` 物件工廠。可拖曳物件可以被四處移動和放到容器裡面，但使用者通常必須定義各種限制，規定在哪些情況下物件才可以移動，下面是其中的一些限制：

- 可拖曳的元素必須有個具備 `draggable-list` 類別的父元素
- 可拖曳的元素不能有 `draggable-frozen` 類別。
- 可拖曳的元素必須從“擁有 `drag-handle` 類別的子元素”初始化。
- 元素可以被拉到擁有 `draggable-dropzone` 類別的容器內。
- 元素只能被放到子元素數量六個以下的容器裡面。
- 元素不能放到當初被拉出時的容器裡面。
- 元素在它們被拉出的容器裡面必須是可排序的，但是它們不能被拉到其他容器裡面。

花時間瞭解拖放程式庫的使用案例後，我們就可以做出一個滿足大部分、甚至每一個使用案例的 API，而且不會大幅擴大 API 的表面。

考慮另一種情況，如果我們的做法是一個一個處理各種使用案例而非考慮相似的使用案例，或處理可能發生而不是立刻需要處理的案例，最後可能會用七種方式來限制元素該如何拖放。因為我們分別設計它們的介面，所以每一種解決方案都與其他的略有不同。或許它們足夠相似，所以我們讓每一個都使用一個選用的旗標，但使用者仍然不禁要問，為什麼要讓這麼相似的使用案例使用七個旗標，而且這種做法無法隱瞞介面的設計很糟糕這項事實。我們幾乎都在每一個需求出現時將它們加到 API 表面，從來沒有展望未來，想想將來如何發展 API。如果我們在設計介面時考慮到伸縮性，或許就會將許多類似的使用案例分到同一個功能底下，並在過程中避免沒必要的大型 API 表面。

接著我們回頭看看事先花時間仔細規劃並建立一群類似的需求與使用案例的情況。我們應該可以找出一個適合大部分的使用案例的最大公約數，並且知道何時有正確的抽象，因為它可以滿足每一個需求，甚至一些不需要滿足的需求。在可拖曳元素的例子中，當我們考慮所有的需求時，可能會選擇定義一些選項，根據一些 CSS 選擇器來施加限制。或者，我們可能會加入一個回呼，讓使用者用來決定元素可否被拖曳，以及另一個回呼讓使用者決定元素可否被放下。這些選擇也取決於 API 以後會不會被重度使用、我們希望它多麼靈活、我們打算對它進行變動的頻率。

有時我們沒有提前考慮的機會，我們或許無法預見所有可能的使用案例、我們的預測可能會出錯、需求可能會改變，我們當然不會永遠處於理想的狀態，但是如果我們不全面性地關注模組的使用案例，肯定不會得到更好的結果。反過來說，如果新的使用案例很像我們的抽象設計，那個使用案例可能已經可被抽象解決方案處理了。

抽象不是沒有代價的，但是它們可以保護部分的程式不受複雜性影響。我們當然可以大膽地聲稱 `fn => fn()` 這類的優雅介面可以解決所有的計算問題，使用者只要提供正確的 `fn` 回呼就好了，但這種做法除了把問題丟回去給使用者之外並沒有做任何事情，而且他們除了要自己實作正確的解決方案之外，還要付出在過程中使用我們的 API 的代價。

當我們評估是否提供 CSS 選擇器或回呼之類的介面時，就是在決定我們要抽象化多少東西，以及要讓使用者自己處理多少東西。讓使用者提供 CSS 選擇器的確可以保持介面的精簡，但是使用案例也會受限。舉例來說，使用者無法超越 CSS 選擇器的能力，動態地決定元素是否可推曳。當我們讓使用者提供回呼時，就讓他們更難使用我們的介面，因為現在他們必須自行提供實作的細節。但是付出這種昂貴的代價，可讓他們有很大的彈性決定什麼是可拖曳的，什麼不是。

如同程式設計中大部分的事項，我們在設計 API 時也要不斷權衡簡單性與彈性。在每一個案例中，我們要負責決定犧牲多少介面的簡單性來換取它的靈活度，或犧牲多少靈活度來讓介面更簡單。有趣的是，回顧 jQuery，你可以發現它一直傾向簡單性，它大部分的 API 方法都盡量避免讓使用者提供太多的資訊。同時，它又為每一個 API 方法提供無數的多載來避免犧牲彈性。它最複雜的地方是它的實作，在發出 API 呼叫開始滿足使用者的目標前，它會藉由認出引數是 `NodeList`、DOM 元素、陣列、函式、選擇器或其他的東西（更不用說選用的參數）來平衡引數。使用者只有在查看文件，發現有許多方式可以完成同樣的目標時，才會在門縫中看到一些複雜性。然而，儘管 jQuery 的內部很複雜，使用 jQuery API 的程式仍然可以保持非常簡單。

3.1.2 為當下設計

在我們開始思考如何用最佳的方式將需要實作的功能抽象化，讓它可以滿足未來可能出現的每一個需求之前，我們要先退一步考慮較簡單的替代方案。簡單的實作意味著付出較少的前期成本，但新的需求不一定會產生破壞性的改變。

介面沒必要從一開始就迎合所有可能的使用案例。我們在第 2 章分析過，有時我們可以先幫最簡單或最常見的使用案例製作一個解決方案，之後再加入設置新的使用案例的選用參數。當我們遇到更進階的使用案例時，可以用前面的章節談到的方式進行決策，找出哪些使用案例值得放在抽象底下，哪些太過狹隘，不值得抽象化。

類似的情況，介面在一開始可能只提供一種接收輸入的方式，隨著使用案例的演變，我們可能會將多型放入組合之中，用同一個參數位置來接收多種輸入型態。宏大的思維模式可能會讓我們相信，為了讓功能更齊全，我們的介面必須能夠處理每一種輸入型態，並且能夠用數十個組態選項來設置。這對高階的介面使用者來說或許是對的，但是如果我們沒有花時間讓介面視需求而演變與成熟，可能會將介面寫成邊緣人，只能透過從頭開始編寫不同的元件，並使用更精心設計的介面，再將指向舊元件的參考換成指向新元件，才能修復它。

只要比較小型的介面可以完成使用者要求的工作，大型的介面幾乎都不會比它好。在此優雅是最重要的：如果我們希望介面保持精簡，但預測使用者最終需要 hook 元件的各種內部行為以便相應地採取行動，我們最好等到這種需求浮現時再行動，而不是預先為一個還沒有碰到的問題建構解決方案。

我們不但要把開發時間集中在現今需要的功能上，也要避免產生暫時可以忽略的複雜性。有人可能會說，“對程式庫內部的事件做出反應” 這個能力不會帶來太多的複雜性，但你要想一下這個需求從來都不實現時的情況。我們為了滿足從來都不需要的功能而增加元件的複雜性，更糟的是，如果需求在解決方案已經完成之後，在真的有人需要它之前發生變化，我們就有永遠用不到的功能，它們會與我們真正需要的各種功能發生衝突。

假如我們不是要讓 hook 只反應事件，而是要讓它們能夠轉換內部狀態，該如何改變事件 hook 的介面？很有可能有人已經發現之前寫好的事件監聽器的用法，所以我們無法任意地移除它們。我們可能被迫改變事件監聽器 API 來支援內部狀態的轉換，這會產生一個尷尬的介面，必然會讓作者與使用者都感到氣餒。

“實作使用者還不需要的功能” 這個陷阱最初可能無足輕重，但是它會讓我們付出複雜、難以維護的沉重代價，也會浪費開發人員的時間。最好的程式碼根本不是程式碼，而是更少的 bug、更少的程式撰寫時間、更少的文件編寫時間，以及更少的要求處理時間。請把握這種心態，盡量將程式的功能保持在最低限度。

3.1.3 以小步驟演進抽象

請記得，抽象必須自然地演進，而不是被迫順從我們的實作風格。當我們不確定是否將一些使用案例包成抽象時，通常最好的辦法是先等一下，看看有沒有更多使用案例會落入我們正在考慮的抽象裡面。如果我們在等待的期間發現有越來越多使用案例適合這個抽象的話，就可以開始執作它了。如果抽象不成立，我們也可以慶幸不需要扭曲抽象來滿足新的使用案例，因為這通常會破壞抽象，或造成比抽象原本企圖避免的問題還要嚴重的問題。

採取類似上一節的做法，我們應該先等待使用案例浮現，當抽象明顯可以帶來好處時再重新考慮它。雖然開發用不到的功能只是浪費一點時間，但使用錯誤的抽象將會扼殺或削弱元件的介面。雖然好的抽象是強大的工具，可減少程式的複雜性與數量，但是讓使用者使用不適當的抽象可能會增加他們編寫的程式量，並且讓他們為了順從抽象而被迫增加複雜性，進而讓他們覺得抽象元件難以使用，最終放棄劣質的抽象元件。

從 HTTP 程式庫我們可以充分看到，正確的抽象完全取決於使用者心目中的使用案例。一般的 `GET` 呼叫可用回呼或 promise 來提供，但串流需要使用以事件驅動的介面，讓使用者可以在部分的串流資料已經可以使用時立刻採取動作。典型的 `GET` 請求也可以用以事件驅動的介面來提供，讓程式員可將事件驅動模型之下的每一個使用案例抽象化。但是從使用者的角度來看，就最簡單的使用案例而言，這個模型可能太複雜了。就算我們將每一個使用案例放在一個方便的抽象底下，當使用案例與串流無關時，他們也不應該使用 `get('/cats').on('data', gotCats)`，而是要改用更簡單的 `get('/cats', gotCats)` 介面，使用它時，不需要個別處理錯誤事件，而是遵照 Node.js 規範：回呼的第一個引數是錯誤，當一切順利時，則是 `null`。

主要處理串流的 HTTP 程式庫可能在所有情況下都採取事件驅動模型，因為如此一來就可以在這個精簡的介面上實作回呼式介面之類的方便機制了，這種情況是可以接受的，我們把焦點放在眼前的使用案例，並且盡量縮小 API 的表面積，同時仍然能夠包裝程式庫，以便提供更高級的用途。如果程式庫的重點是介面的使用體驗，我們可能會使用回呼或 promise 的做法，以後當這個程式庫需要支援串流時，或許會納入事件驅動介面，此時，我們必須決定只公開那個介面來支援串流，還是也讓它適用於一般的情況。只支援串流使用案例可維持小的 API 表面，另一方面，公開給所有使用案例可產生較靈活且一致的 API，這可能是使用者所期望的。

在這裡，環境是最重要的。當我們為開放原始碼或受到廣泛使用的程式庫開發介面時，或許要聽一下每個人的意見，瞭解他們在設計 API 時會如何取捨。使用者可能比較喜歡較小型的 API 表面或比較靈活的介面，隨著時間的流逝與使用者的成長，以及程式庫需要支援的使用案例的增加，受到廣泛使用的程式庫比較傾向彈性而不是簡單性。如果 API 是我們在日常的工作中開發的，我們可能不需要迎合廣泛的使用者，很有可能只有我們自己或我們的團隊會使用那個 API。不過，我們也可能屬於一個 UI 平台團隊，需要為整個公司服務，此時我們也會處於類似開放原始碼的情況。

無論如何，當你不確定介面是否需要公開某個表面區域時，強烈建議你在真正確定之前不要公開它們。盡量維持 API 表面的精簡可避免讓使用者有機會用多種方式完成同樣的工作，這通常是不好的情況，因為使用者肯定會一頭霧水，登門詢問哪一種是最好的做法。答案將會有很多個，當最好的答案都一樣時，其他的答案可能不屬於公開介面。當最佳答案依使用案例而定時，我們應該尋求更好的抽象，將類似的使用案例封裝在單一解答底下。如果使用案例之間的差異夠大，介面提供的解決方案也會如此，此時使用者不應該有任何的不確定：我們的介面只應針對特定的使用案例提供一個解答。

3.1.4 慎重地前進並進行試驗

你可能聽過 Facebook 的精神標語“快速行動，打破成規（Move Fast and Break Things）”。從軟體開發的角度來看，以字面上的意思來理解這句話很危險，你不該匆匆忙忙，也不應該經常打破規矩，更不用說故意這樣做了。這句精神標語的本意是鼓勵進行實驗。應該打破的是：對於如何規劃應用程式結構的假設、使用者如何行動的假設、廣告商想要什麼的假設，以及其他的假設。快速行動的意思是快速做出原型來分析新的假設、及時把握新的市場、當團隊與需求越來越大且越來越複雜時，避免緩慢地進行工程，以及不斷地迭代產品與基礎程式。

從字面上看，快速行動，打破成規是一種可怕的軟體開發方式。任何稱職的機構都不會鼓勵工程師犧牲產品的品質來快速編寫程式。程式碼存在的主因是為了讓它構成的產品得以存在。在產品保持相同的情況下，我們寫出的程式越不複雜，得到的成果就越好。

你應該測試組成產品的程式，盡量降低產品中出現 bug 的風險。當我們從字面上理解"快速行動，打破成規"時，往往會將測試視為可有可無的行動，因為它會降低速度，而我們必須快速行動。諷刺的是，沒有經過測試的產品沒辦法在 bug 肯定出現進而導致工程速度減緩的情況下快速前進。

比較好的標語應該是可從字面上理解的，例如"慎重地前進並進行試驗"。這個標語與 Facebook 的標語有相同的情緒，但它真正的含意不需要解碼或解釋。試驗是軟體設計與開發的關鍵因素，我們應該不斷嘗試與驗證新的想法，確認它們是否可以打造比現在好的解決方案。我們應該將"快速行動，打破成規"解釋成"及早進行 A/B 測試，並經常進行 A/B 測試"，而"慎重地前進並進行試驗"也可以傳達這個意思[1]。

慎重地前進就是有理由地行動。工程進度幾乎不會因為開發團隊企圖加快進度而隨之加快，反而經常被發布週期以及為了滿足這些發布版本的需求所需的複雜性束縛。當然，所有人都希望盡量加快工程進度，但介面的設計不應該倉促進行，無論我們處理的介面是一種結構、階層、元件，還是函式。內容的正確性比較沒那麼重要，因為只要維持介面，你就可以在稍後改善內容的效能或可讀性。這樣說不是鼓勵粗糙的內容，而是鼓勵你恭敬地、深思熟慮地設計介面。

3.2 CRUST 考量

我們已經越來越接近函式的內容了，內容的部分會在第 4 章仔細討論。在這之前，我們必須處理幾個元件層面上的問題。這個小節將討論如何遵循第 2 章介紹的 CRUST 原則來維持元件的簡單。

1 A/B 測試是一種使用者測試，做這種測試時，會讓小部分的使用者體驗與一般的使用者不同的事項，再追蹤兩個群體的參與度，如果接受新體驗的使用者參與度比較高，我們可能會繼續讓所有使用者接受那個體驗。當我們想要修改使用者體驗時，用小實驗來測試假設再提供修改版本給大多數的使用者可以有效地降低風險。

3.2.1 偶爾重複

DRY 原則（不要重複）是備受重視的軟體開發原則之一，的確也該如此。它提醒我們應該要在可能寫出上百行 print 陳述式時用迴圈來取代它，它讓我們建立可重複使用的函式，讓我們免於維護許多相同的程式實例，它也質疑在基礎程式中不斷使用彼此間排列方式略有不同但內容幾乎一致的程式的必要性。

不過在極端的情況下，DRY 是有害的，它會阻礙開發。如果我們小心翼翼地避免任何及所有的重複，可能會在找到正確的抽象之前就先放棄了。談到尋找抽象，先停下腳步，反思"究竟現在就執行 DRY，還是先等等，看看會不會浮現更好的模式"幾乎都是最好的做法。

太快速地遵守 DRY 可能會讓我們選擇錯誤的抽象，雖然提早發現這個錯誤時，它已經浪費我們一些時間了，但是讓糟糕的抽象停留越久，我們受到的傷害就越重。

類似的情況，在編寫最小型的程式時盲目地遵守 DRY 肯定會讓程式難以追隨與閱讀。將兩個經過優化、容易閱讀的正規表達式（這在正規表達式的世界很罕見）併在一起幾乎肯定沒有人能看得懂並正確判斷出它的目的。在這種情況下，遵守 DRY 值得嗎？

DRY 的意義是協助寫出簡潔的程式，進而提升易讀性。如果比較簡潔的程式會讓整體程式比以前更難以理解，DRY 應該是不好的做法，代表它處理的是我們尚未遇到的問題（無論如何，還不適合這段程式）。為了保持理智，我們必須謹慎看待與軟體開發有關的建議，我們將在第 55 頁的 3.3.4 小節"視情況而定"說明。

在大部分的情況下，DRY 是正確的做法，但是在某些情況下，DRY 可能不合適，例如當它用可讀性的代價來換取微不足道的好處時，或是當它防礙我們找到更好的抽象時。我們可以隨時回來修改、細心雕刻小程式，讓它更符合 DRY。這通常比"將錯誤地採取 DRY 而造成耦合的程式解開"更容易，所以我們應該在執行這條原則之前先等待一下。

3.2.2 功能隔離

我們已經詳細討論過介面設計了，但還沒有談到何時該將模組分成更小的部分。現代的應用程式結構可能都需要使用某些模組。例如，以許多 view 組成的網路應用程式可能會要求每一個 view 本身都是一個元件。但是這種限制不應該阻礙我們將內部的 view 程式拆成許多更小型的元件。我們或許可以在其他的 view 或元件裡面重複使用這些較小型的元件、單獨測試它們，而且如果之前它們與父 view 有緊密的關係時，也可以更好地隔離它。

就算較小型的元件不會在其他的地方重複用到，甚至不能單獨測試，將它移到不同的檔案也是有幫助的。為什麼？因為我們將子元件內容的複雜性從它的父元件免費移除了。因為現在子元件被它的父元件當成依賴項目來參考了，而不是寫成行內，我們只付出廉價的間接成本。當我們將大型元件的內容拆成許多子元件時，就是在修剪它的內部複雜性，最終產生許多簡單的元件。這些複雜性並未消失，而是巧妙地隱藏在子元件與它們的父元件的關係裡面。但是這些關係現在是父模組中最重要的部分，而每一個小模組不需要知道太多關於這些關係的知識。

不是只有 view 元件與它們的子元件可以修剪內容，不過 view 元件是一個很好的例子，可協助我們看到複雜性如何在整個元件系統中保持平坦（無論系統有多深），而不是將複雜性都放在一個大型、沒什麼結構、高度複雜或耦合的元件裡面。這就像宏觀地觀察宇宙，再放大仔細觀察，直到原子層面。每一個階層都有它自己的複雜性等著被發現，但那些複雜性會分布到各個階層上，而不是聚集在任何一個特定的階層。這種分布可減少必須在任何特定階層上觀察以及處理的複雜性。

說到階層，在這個設計階段中，你可能要考慮為應用程式定義不同的階層。你可能已經習慣在 MVC 應用程式中使用 model、view 與 controller，或是在 Redux 應用程式中使用 action、reducer 與 selector 了。或許你應該考慮做一個服務層，用它來處理所有的商業邏輯，或者做一個持久層，在那裡處理所有的快取與持久保存。

當我們正在處理的模組不需要以特定的方式來打造（例如 view），而是可以用任何方式來組合（例如服務）時，應該仔細想一想新功能究竟屬於既有的模組還是全新的模組。如果我們有一個模組包裝了 Markdown 解析程式庫，並且已經加入支援 emoji 擴展套件的功能，當我們想要做一個可以接收產生的 HTML 結果，並移除某些標籤與屬性的 API 時，應該將這項功能加入 Markdown 模組，還是放在另一個模組裡面？

將它放在 Markdown 模組裡面可以在我們想要使用消毒功能時省下匯入兩個模組的麻煩。另一方面，我們可能經常需要消毒不是以 Markdown 解析的 HTML 。所以比較好的做法是將 HTML 消毒功能放入它自己的模組，但是為了方便起見，在 Markdown 模組裡面使用它，透過這種方式，Markdown 模組的使用者一定可以對輸出進行消毒，而想要直接消毒一段 HTML 的使用者也可以做到。我們永遠都可以為 Markdown 進行消毒（或更棒的，選擇不要），如果介面的使用者不一定總是需要這個功能的話。

你可能想要建立一個 *utilities.js* 模組，將不屬於別的地方的功能全部放在裡面。當我們開始執行新的專案時，往往會再次使用其中的某些功能，所以可能會將相關的部分複製到新的模組中，但如此一來，我們就打破 DRY 原則了，因為我們沒有重複使用同一些程式，而是建立一個新的模組並複製原本就有的東西。更糟糕的是，隨著時間的流逝，我們可能會修改 *utilities.js* 元件，此時新專案的功能就再也不一致了。

比較簡單的做法是建立 *lib* 目錄，而不是 *utilities.js* 模組，並將每一個獨立的功能放入它自己的模組。當然，有些功能會使用其他的公用功能，但是我們是從其他的模組匯入這些東西，而不是把所有東西都放在同一個檔案裡面。每一個小型的檔案都明確地代表公用程式，以及它使用的其他東西，而且可被單獨地測試以及文件化。更重要的是，當公用程式的範圍、檔案大小與複雜性擴大時，它仍然很容易維護，因為我們已經提早隔離它了。相較之下，如果我們把所有東西都放在同一個檔案裡面，但是日後其中一個公用程式大幅成長，我們就要將那個功能拉到不同的模組裡面，此時，我們的程式可能會以巧妙的方式與其他的公用程式耦合，因此遷移到多模組結構會比原本困難一些。

如果我們真的想要採用模組化結構，當我們將每一個公用程式放到它們自己的模組之後，還需要採取進一步的動作。我們可以先找出想要重複使用的公用模組——例如，將含有英數字元之外的符號（例如空格、重音、標點符號或其他符號）的字串變成 slug（例如 `this-is-a-slug`）的函式，接著我們可以將模組移到它自己的目錄，同時放入文件與測試程式，在 *package.json* 裡面註冊依賴關係，並且將它發表到 npm 註冊表。藉此，我們就在各個專案之間遵守 DRY 了。如果 slug 套件在我們執行最新的專案時被更新了，舊的專案也可以受益於新的功能與 bug 的修正。

當我們認為必要時，就可以採取這種做法：只要可在各個專案中重複使用的功能能讓我們獲益，就可以採取這種做法，並且一併加入測試程式與文件。注意，超模組化（hypermodularity）帶來的收益會慢慢減少，我們把模組化做得越極致，就要花越多時間在文件與測試上。如果我們發表每一行程式時，都要將它與良好的文件和測試程式一起做成套件，就會花費很多與開發功能或修正 bug 沒有直接關係的時間與精力。請自行判斷要在多大的程度上建立模組化結構。

當程式不複雜而且不多時，建立模組的價值通常不高。你最好把那段程式寫在使用它的模組的函式裡面，或每次都寫入行內。這種簡短的程式往往會變動並且產生分支，通常需要在基礎程式的各個地方使用稍微不同的寫法。因為程式量很少，所以幾乎不值得花時間來設法將它一般化，供所有甚至大部分的使用案例使用，而且最終我們很有可能會寫出比原本寫在行內的功能還要複雜的東西。

就算一段程式的複雜程度足以擁有它自己的模組了，我們也不能認為立刻為它建立套件是值得的。為了在各個基礎程式之間的重複使用外部的模組，並且提供更簡潔的介面以及適當的文件，你通常需要做更多的維護工作。考慮一下你要花多少時間來取出模組與編寫文件，以及付出那些精力是否值得。如果你想要取出的模組需要使用它所屬的基礎程式的其他部分，這個工作將很有挑戰性，因為你也必須取出那些東西。我們通常不會幫基礎程式的每一個模組編寫文件。但是如果模組有它們自己的套件，我們就必須為它編寫文件，因為我們不能指望潛在的使用者在不了解套件的用途或用法的情況下可以決定要不要使用它。

3.2.3 設計內容時的取捨

當我們設計模組的內容時，保持優先順序是關鍵所在：我們的目標是做出這個模組的使用者需要的東西。這個目標有許多面向，接下來我們按照重要程度依序討論它們。

首先，我們要設定正確的介面。複雜的介面會讓使用者感到灰心與挫折，讓我們的模組失去效用，或用起來很痛苦。如果你的介面用起來很痛苦，將它寫得再優雅或快速都沒有用。程式介面不單單只是掩蓋平庸內容的華麗包裝，對使用者來說，介面代表全部，簡潔、直觀的介面可以降低使用者寫出來的程式的複雜性。因此，我們的第一步是找出最好的介面，來滿足使用者的需求與願望。

其次，我們要開發功能完全符合廣告與文件的東西。如果作品無法做它該做的事情，它再怎麼優雅與快速對使用者來說都沒有好處。做出正確的介面很棒，但是它底下的程式也必須提供我們透過介面做出的承諾。唯有如此，使用者才會信任我們寫的程式。

第三，作品應該盡可能地簡單。程式越簡單，我們越容易修改它，而不需要重寫既有的程式。注意簡單不一定代表簡潔。例如，簡單的作品可能充滿比較長但富描述性的變數名稱，以及一些解釋為什麼要這樣寫程式的註解。簡單的程式除了容易修改之外，它在我們除錯時也比較容易追隨，當新進人員與部分的程式互動，或是當原始的作者經過很久之後需要與程式互動時，不需要擔心難以追隨的問題。簡單實作排第三位，但它緊跟在如預期般運作的介面之後。

第四，內容應該盡量有效率地工作。當然，在製作功能正常的東西時，我們也要在某種程度上考慮效能，因為使用者無法接受因為太慢而讓人覺得不可靠的東西，不過在我們的理想特徵清單中，效能只排第四位。效能是一種特性，我們也應該如此看待它，優先編寫簡單且易讀的程式，而非一味講求速度。但是在一些例外的情況下，效能是最重要的，就算以不甚理想的介面與不易閱讀的程式來換取也在所不惜，但是在這種情況下，我們至少要努力註解相關的程式，以便讓人清楚地知道程式為何要如此編寫。

彈性除了必須藉由編寫簡單的程式與提供適當的介面來實現之外，對於滿足使用者的需求來說沒有任何作用。試著預測需求通常會引入更多複雜性，使用更多程式碼與花費更多時間，幾乎無法改善使用者體驗。

3.3 修剪模組

如同現代的網路開發，模組設計幾乎沒有真正完成的一天。本節的主題將引領你思考元件的長半化期（long half-life），以及如何設計與建構元件，以免它們在你好不容易開發它們之後產生太大的麻煩。

3.3.1 錯誤處理、緩解、偵測與解決

在開發軟體的過程中，我們難免要花時間分析看起來不可能抓到的 bug。當我們花費寶貴的時間之後，才發現那個 bug 是我們認為理所當然的程式狀態中的小差異造成的。這種小差異在應用程式的邏輯流程中像滾雪球般越來越大，最後變成不得不處理的嚴重問題。

我們難以防止這種事情一再地發生——但也並非完全如此。出人意料的 bug 總是會找到出路浮出表面，我們或許無法控制以出乎意料的方式與我們自己的程式互動的程式，它一般都可以正常工作，直到資料出現問題了。或許問題的原因只是驗證函式沒有按照該有的方式運作，讓資料以不該有的外觀流經系統，但是當它造成錯誤時，我們必須花很多時間找出問題其實是驗證函式裡面的 bug 造成的，而且這個 bug 是沒有被充分測試的錯誤輸入引起的。因為這個 bug 與該錯誤的 stack trace 的資訊完全無關，我們可能會花好幾個小時尋找與辨識問題。

我們可以採取的做法是編寫更容易預測的程式或改善測試覆蓋率來降低 bug 的風險，同時提升除錯的熟練度。

在編寫可預測的程式時，我們必須確保能夠處理每一個預期的錯誤。在處理錯誤方面，我們通常會將錯誤往堆疊上方傳遞，並且在最頂層處理它，做法是將它記錄到分析追蹤器、標準輸出或資料庫。當我們使用一個已知可能會丟出錯誤的函式時（例如對使用者輸入執行 `JSON.parse`），我們應該把它包在 `try/catch` 裡面並處理那個錯誤，如果我們因為函式邏輯已經結束而無法繼續執行，同樣將它上傳給使用者。如果我們處理

的是有個錯誤引數的常規回呼，就要用保護子句來處理錯誤。當我們有個 promise 鏈結時，一定要在鏈結的末端加上 `.catch` 來處理鏈結中出現的任何錯誤。就 `async` 函式這個例子而言，我們可以使用 `try/catch`，或是幫呼叫非同步函式的結果加上一個 `.catch` 反應。在使用串流或其他傳統的事件式介面時，務必連接一個 `error` 事件處理器。妥善地處理錯誤幾乎一定可以消除預料中的錯誤破壞軟體的機會。簡單的程式是可預測的，因此，遵守第 4 章的建議也有助於減少意外錯誤的機率。

測試覆蓋率可以協助偵測意外的錯誤。如果我們的程式是簡單且可預測的，意外的錯誤就難以從縫隙中滲出。測試可以進一步擴大預料中的錯誤的集合，來進一步縮短差距。當我們加入測試時，可預防的錯誤就可以被測試案例與 fixture 記錄。當測試夠全面時，我們可能會在測試的過程中遇到意外的錯誤並且修復它們。因為我們已經將這些錯誤記錄到測試案例裡面了，所以如果測試套件沒有失敗的話，它們就不會再次發生（測試迴歸）。

無論我們多堅決地開發簡單、可預測的程式並徹底測試它，肯定仍然會遇到預期之外的錯誤。測試主要是為了防止迴歸，防止我們再次碰到已經修正的 bug，以及防止預期的錯誤，也就是當我們以不正確的方式修改程式時可能發生的錯誤。但是，測試對於預測與防止軟體 bug 的作用不大。

所以除錯是沒辦法避免的工作，步進除錯法（也就是逐步檢查造成 bug 的程式，同時也檢查應用程式狀態）是一種很好的做法，但是這種方式不會比直接診斷究竟發生什麼事情還要快。

為了真正有效地除錯，我們必須瞭解我們使用的軟體的內部是如何運作的。如果我們不瞭解事物的內在，事實上就是在處理一個黑盒子，從我們的角度來看，裡面可能會發生任何事情。這是你必須親力親為的事情，因為你比較知道如何進一步瞭解依賴項目真正的工作方式，有時你閱讀文件就夠了，但這種情況很少發生，或許你應該從 GitHub 下載原始程式並閱讀它，或者你比較喜歡親自製作你使用的程式庫的複製品來瞭解它如何工作。無論你採取哪種做法，當你下次遇到與你熟悉的依賴項目有關的非預期錯誤時，你將更容易找出根本原因，因為你瞭解原本像個黑盒子的依賴項目的限制與常見的陷阱。文件最多只能讓我們瞭解事物在引擎蓋下是怎麼運作的，它是追蹤非預期錯誤需要的東西。

3.3.2 文件的藝術

的確：在追蹤與修正非預期錯誤的困難時期，通常文件的作用不大。但是當你試著瞭解一段程式如何運作時，文件通常是基本的東西，它的價值是無法低估的。將公用介面文件化可提升程式的易讀性，它不但可以幫助使用者從使用範例中吸取經驗，也可以告訴他們進階的組態選項，幫助他們設計自己的東西，以及讓程式作者知道使用者得到什麼承諾，以及他們的期望是什麼。

在這一節，我們要討論廣義的文件。我們已經談過公用介面文件了，但測試與程式註解也會以它們的方式成為一種文件，就連變數或函式名稱也可以視為一種文件。測試程式是與公用介面的輸入與輸出有關的文件，在整合測試中，它們描述應用程式在最低限度上可被接受的行為，例如讓使用者提供 email 與密碼進行登入。程式註解是讓程式作者瞭解為何程式那樣寫的文件，也可以指出改善的區域，經常也會提供一些連結來指出乍看之下不太優雅的 bug 修復程式的細節。如果你優先採用 `products` 這種明確的名稱，而不是 `data` 這類籠統的名稱時，持續使用富描述性的變數名稱可以節省讀者可觀的時間，同樣的道理也可以套用在函式名稱上：你應該優先選擇 `aggregateSessionsPerDay` 這種名稱，而不是 `getStats` 這種較短但不明確的名稱。

養成習慣，將所有程式與圍繞著它們的結構（正式文件、測試、註解）直接寫成文件。將來閱讀我們的程式的人（希望進一步瞭解程式如何運作的開發者，以及做同樣的事情，以擴展或修正部分功能的程式作者）將會極度依賴我們可否明確地傳達介面及其內容的運作方式。

那麼，為何我們不充分利用每一個變數、特性與函式名稱、每一個元件名稱、每一個測試案例，以及所有的正式文件來精準地解釋程式做了什麼事、如何做，以及為何我們做了某些取捨？

從這個意義上來說，我們應該將文件視為一門藝術，利用所有可能的機會清楚地、仔細地表達模組各方面的意圖與理由。

我沒有說我們應該用雪片般的文件淹沒使用者與程式作者，相反地，唯有經過深思熟慮，我們才能傳遞平衡的訊息，在正式的文件中說明公用介面、在測試案例中說明典型的使用案例、在註解中解釋異常情況。

藉由編寫全方位的文件，我們可以知道誰可能想要知道哪些內容，以及該讓誰看什麼東西，如此一來，我們會寫出容易閱讀的散文，不會含糊地說明用法或最佳做法，不會東完西缺，也不會有重複的內容。介面的文件應該只限於介面如何運作，它通常不是討論設計上的選擇的地方，你可以將它們放到結構或設計文件內，並在稍後連到相關的地方。程式註解很適合解釋原因或是指出它附近的除錯程式，但它通常不是討論為何介面長成那樣的地方。關於介面的說明最好放到結構文件內，或問題追蹤系統內。最好不要將用不到的程式放在註解區塊內，它除了造成讀者的困擾之外沒有任何好處，你最好將它放在功能分支或 Git stash，但不要放在原始碼控制主幹內。

Tom Preston-Werner 提出一種稱為 README 驅動開發（README-driven development）的介面設計概念，其做法是先描述程式的用法。這種做法的效率通常比測試驅動設計（test-driven design (TDD)）高，在 TDD 中，我們經常不斷重複編寫同一段程式，直到最後才發現需要做一個不同的 API。README 驅動開發的做法是自我描述（self-descriptive）的，我們先建立一個 README 檔，並編寫介面的文件。我們可以從最常見的使用案例、輸入與輸出開始做起，如同第 20 頁的 2.1.2 小節“API 優先”所述，並從那裡開始發展介面。在 README 檔裡面而不是在模組中做這件事會讓我們離最終的實作更遠，但它們的本質是相同的。最大的差異在於，與 TDD 很像，我們會反覆編寫一個 README 檔案，最後才會得到一個滿意的 API。無論如何，API 優先與 README 驅動設計都比直接埋頭編寫程式好很多。

3.3.3 移除程式碼

很多人說 CSS 是一種“只供附加（append-only）的語言”，這意味著當你加上一段 CSS 程式之後就不能被移除它了，由於 CSS 的層疊做法，移除它可能會在無意間破壞設計。移除 JavaScript 程式沒那麼困難，但它是一種高度動態的語言，想要刪除程式卻不造成任何破壞依然是一項挑戰。

當然，修改模組的內容比改變它的公用 API 容易，因為修改內容只會影響模組的內在。不影響 API 的內部變動通常無法從外面看到。但是當使用者 monkey-patch（直譯為“猴修補”，以下直接使用原文）我們的介面，使得他們可以看到一些內容時，這條規則就產生例外了[2]。但是在這種情況下，使用者應該可以發現 monkey-patch 一個他們無法控制的模組產生的脆弱性，以及他們這樣做需要承擔的損壞風險。

在第 40 頁的 3.1.2 小節“為當下設計”中，我們看到最好的程式就是完全沒有程式，這句話與移除程式也有關係。我們還沒有寫出來的程式就是我們不需要關心究竟要不要刪除的程式。程式越少，我們需要維護的程式越少，我們還沒有發現的潛在 bug 就越少，我們要閱讀、測試以及透過行動網路傳給迫不及待的使用者的程式碼就越少。

當程式的各個部分越來越老舊與越來越失去用途，最好的做法就是將它們完全移除，而不是延長它們不可避免的最終命運。

我們可以用原始碼控制系統來安全地保存想要留下來參考的程式，或是將來可能恢復的程式，所以不需要把它們四處放在基礎程式裡面。盡量不要使用註解來移除程式碼，同時盡快移除用不到的程式可讓基礎程式更簡潔且更容易追隨。如果程式中有不起作用的程式碼，開發人員可能因為不確定別的地方會不會使用它而不將它刪除。隨著時間流逝，破窗理論就會充分發揮作用，我們很快就會得到一個充斥著毫無用途的程式碼的基礎程式，沒有人知道這個基礎程式的目的，或是它為何變得如此難以管理。

當我們移除程式時，重複使用性扮演重要的角色，有越來越多元件使用同一個模組，我們就越來越不可能輕鬆地刪除被高度依賴的程式碼。當一個模組與其他的模組沒有任何關係時，它就可以從基礎程式中移除，但仍然可以當成獨立的套件來使用。

2 Monkey-patching 是從外面故意修改元件的公開介面，來加入、移除或改變它的功能。當我們想要改變一個無法控制的元件（例如程式庫或依賴項目）的行為時，Monkey-patching 或許是有幫助的。修補（patching）容易出錯，因為它可能會影響沒有發現程式已被修補的其他使用者。API 本身或它的內容也有可能會改變，破壞當初修補時的假設。雖然這是一種應避免的做法，但有時它是唯一的選項。

3.3.4 視情況而定

很多人在提出關於軟體開發的建議時，通常是用絕對性的口吻來闡述，很少考慮實際的情況。當你扭曲一條規則來讓它符合你的情況時，你應該不是不同意那個建議，而是對同一個問題採取不同的看法，建議者或許忽略了那個情境，或是因為不方便而迴避它。

無論名言或工具看起來多有說服力，你一定要先做批判性的思考，以及評估實際的情況。適合大型、工作量巨大、有特殊問題的公司的建議或工具不一定適合你的個人部落格專案。看起來很適合業餘駭客的概念不一定適合中型初創企業。

當你分析依賴項目、工具或建議是否符合你的需求時，一定要先閱讀你找得到的資源，並考慮等待解決的問題是不是你真的需要解決的。不要落入陷阱，只因為某個建議或工具大受歡迎或被名人推薦而使用它們。

不要把精力過度投入你不確定是否符合需求的東西，但絕對要做實驗。唯有保持開放的心態才可以接收新的知識，改善我們對這個世界的瞭解與創新。當你使用最新技術時，採取批判性思維可讓你受益，但是如果沒有做第一手的實驗就匆忙地使用它們則會限制你的能力。無論如何，規則都是等著被調整與打破的。

我們要進入下一章了，接下來要講解編寫簡單函式的藝術。

第四章

型塑內在

我們已經從高階的角度處理模組化設計與 API 設計的問題了，但之前一直避免深入討論實作的細節。這一章要專門討論改善元件實作品質的建議以及具體的行動，我們會討論複雜性、補救的方法、狀態的危險，以及如何善用資料結構。

4.1 內部複雜性

我們寫的每一段程式都是內部複雜性的來源，它們可能會變成整體基礎程式的大痛點。話雖如此，大部分的程式段落與整個基礎程式的語料庫（corpus）相較之下都是比較無害的，而且試著證明程式不複雜絕對只會增加複雜性，沒有明顯的好處。我們的問題在於，如何在小問題茁壯到嚴重威脅專案的易維護性之前找出它們？

刻意追蹤已經有一段時間沒有更改或互動的程式碼並確定它們是否很簡單且容易理解可協助我們決定是否該進行重構。我們或許可以制定一條規則，讓團隊成員留意容易讓人出錯的程式碼，並且讓他們在修改被它影響的區域時修正它們。當我們經常有條不紊地追蹤複雜性，而且負責基礎程式的整個團隊都這樣做時，我們就可以在對抗複雜性的過程中看到微小但持續累積的收獲。

4.1.1 容納嵌套的複雜性

在 JavaScript 中，深層的嵌套是複雜性的顯著標誌之一。若要瞭解任何一個嵌套的程式，你必須瞭解程式如何流到那裡、範圍內的每一層的狀態、程式如何流出那一層，以及有哪些其他的程式可能流往同一層。我們不一定要在腦海中記得以上所有的衍生資訊，但是問題在於，當我們需要這樣做時，可能需要花很多時間來閱讀與瞭解程式才能得到那些資訊，否則就無法修正 bug，或實作已經開始處理的功能。

嵌套結構是“回呼地獄”或“promise 地獄”這類複雜模式的根源，這些模式的回呼是彼此嵌套的。這種複雜性與行距沒有太大的關係，雖然在極端的情況下，行距確實可能讓程式難以閱讀。複雜性其實埋藏在接縫中，我們必須完全瞭解來龍去脈才能深入回呼鏈進行修正與改善。回呼地獄有一種陰險的版本，它在每一個嵌套層裡面都有邏輯存在。巧合的是，這種版本是我們最常在實際的應用程式中看到的版本：我們通常不會用下列的做法來撰寫回呼，部分原因是它顯然有一些問題。我們應該修改 API，以便一次取得所有需要的東西，或使用小型的程式庫來負責程式流，並且消除原本在程式中的深層嵌套：

```
getProducts(products => {
  getProductPrices(products, prices => {
    getProductDetails({ products, prices }, details => {
      // ...
    })
  })
})
```

將同步邏輯與非同步回呼混在一起會造成更大的麻煩，問題（幾乎都是如此）出在關切點耦合。當程式有一系列嵌套的回呼並且在中間夾雜著邏輯時，通常代表我們將流程控制與商業問題混在一起，換句話說，如果我們把流程與商業邏輯分開的話，程式應該可以更好。藉著將純粹決定流程的程式與其他程式分開，我們可以將邏輯隔離到它們各自的元件裡面，如此一來，流程也會變得更明確，因為它現在已經被清楚地表現出來了，而不是與商業邏輯糾纏不清。

假設在一系列的回呼中，每一層嵌套都有大約 50 行程式。在這一系列的程式中，每個函式都必須參考它的父範圍的零個、一個或多個變數。如果它參考直接父範圍的變數是零個，我們就可以放心地將它上移到那個父範圍。根據函式需要參考的變數，我們可以重複這個程序，直到將函式搬到它的最高層為止。當函式參考父範圍的變數至少有一個時，我們可以選擇將它們保持不變，或是用參數傳遞那些參考，以便繼續將函式解耦。

隨著我們將越多邏輯搬到它自己的函式並且壓平回呼鏈，最後我們會得到一個與操作本身分開的純流程。contra 之類的程式庫可以協助管理流程本身，讓使用者的程式只需要關心商業邏輯。

4.1.2 特徵糾纏與緊耦合

隨著模組越來越大，它也越容易錯誤地將不同的功能混在一起，使得程式碼糾纏不清，讓我們難以單獨地重複使用各個功能、除錯與維護它們，或將一些功能從其他功能分離出來。

例如，如果我們有個通知訂閱者的功能，與一個傳送通知的功能，我們可以明確地定義如何建構通知，再將控制權交給不同的服務，由它傳送通知，來將這些功能分開。藉由這種方式，訂閱者通知可透過通知服務來傳送，但是因為這種明確的劃分，我們不會讓訂閱者專屬的程式防礙我們傳送其他類型的通知給顧客。

要減少糾纏的風險，有一種做法是預先設計功能，並且在設計時特別注意可以元件化或以其他方式清楚描述的關注點。藉著在撰寫程式前做一些前置作業，我們可以避免緊密耦合的風險。

在閱讀舊程式時保持警覺也可以找出原本內容良好、最後卻演變成涵蓋廣大關注範圍的模組。隨著時間的流逝，我們可以將這些關注點拆成單獨的模組，或以更好的方式隔離功能，讓每一個關注點都更容易單獨維護與瞭解。

與其嘗試一次建立大型的功能，我們可以從內部開始往外建立它，將流程的每一個階段放在同層的函式中，避免深深地嵌套它們。這種有條不紊的做法可產生更佳的解耦，因為我們可以遠離單體結構，採取更模組化的做法，讓函式有更小的範圍並且用參數取得它們需要的東西。

當我們為了避免嵌套的函式而必須重複對著函式參數傳遞許多範圍變數時，為了避免重複做這件事而稍微使用嵌套是可以接受的。在重要的功能邊界中（也就是我們關注的焦點從“收集模型細節”變成“算繪 HTML 網頁”變成“將 HTML 網頁印成 PDF”），嵌套難免會導致耦合，並且讓程式更難以重複使用，所以在這些情況下稍微重複是有道理的。

4.1.3 框架：好、壞，與醜陋

規範確實有它的效果，因為它可讓開發人員引導自己的方向，避免大量的不一致性在基礎程式蔓延。如果我們讓開發人員太自由，不採用合理的設計方針與規範來規定如何塑造應用程式的各個部分，混亂就會隨之而來。大量的規範也有可能阻礙工作效率，特別是當有些公約看起來天馬行空時。

框架是規範的特例，框架充滿規範與最佳做法。有些規範位於程式庫與圍繞著框架的工具生態系統裡面，另外一些規範則是位於程式碼使用那些框架時採取的外形（shape）之中。使用框架就是認同它的規範與做法。大部分的現代 JavaScript 框架都提供許多可將應用程式分解成塊的做法，無論框架是供用戶端還是伺服器使用的。

Express 有中介軟體與路由，AngularJS 有指令、服務與控制器，React 有元件等等。在建構應用程式時，這些規範與抽象對於複雜性的控制有很大的幫助。無論我們選擇哪種抽象或框架，隨著元件越來越大，情況都會越來越複雜，此時，我們通常可以將程式重構成較小型的元件，再用較大的元件包裝它們，保持關注點的分離，並嚴格控制複雜性。

我們終究會遇到一些不完全符合框架定義的模式的需求，通常這代表所要求的功能屬於一個獨立的階層。例如，Node.js 的 Express 是一個處理 HTTP 請求與提供回應的框架。如果我們有個 API 端點需要寄出 email，我們可以在那個 API 端點的控制器裡面嵌入寄 email 的邏輯。但是，如果 API 端點控制器已經與（假設）部落格文章的發布有關了，將 email

寄送邏輯放在同一個控制器裡面應該是不正確的做法，因為它們是完全不同的主題。另一種做法是建立一個 `subscribers` 服務元件，讓它有訂閱之類的功能，可在驗證訂閱者的 email 之後加入他們，並且讓它有通知功能，負責傳送 email。進一步延續這個概念，或許 `subscribers.notify` 的工作大部分都應該讓另一個服務元件 `emails` 處理，由它負責妥善地設置 email 傳送功能，並且讓它將即將變成 email 的資料轉換成一般的 `console.log` 陳述式，以便在除錯階段快速讀取 email 的內容。

當我們完成原型設計階段之後，明確地定義階層對於設計高效而且容易維護的應用程式來說至關重要。階層可以用遵循框架規範的元件組成，或獨立定義，如同之前談到的服務層。當我們使用階層並且優先使用函式參數而不是傳遞範圍或環境時，就可以將一些正交元件放在一起來做橫向擴展，同時不會讓它們互相干擾。

4.2 重構複雜的程式

程式會不斷演化，我們最終幾乎都會得到一個不容易維護的大型專案。雖然我們保留下面幾節來提供減少結構層面的複雜性的建議，但這一節的重點是減少已經很複雜的應用程式之中某些部分的複雜性。

4.2.1 擁抱變數，而不是聰明的程式

複雜程式的長度明顯比它該有的還要短，而且這種精簡通常只是假象，他們往往會用 1 或 2 行聰明的程式來表示一個涉及 5 到 10 行短程式的運算式。這種程式的問題在於，當我們不清楚它的意圖時，就必須花費時間與精力來閱讀它，而且花費可觀的時間來分析它或編寫它只是一開始的情況而已。

當你閱讀複雜的程式時，可以發現一個潛在的問題：它使用的變數很少。在程式設計的古早時代，記憶體資源很匱乏，所以程式員必須優化記憶體的配置，通常會重複使用變數，並且盡量不要使用它們。在現代的系統中，我們不需要把記憶體當成一種神聖、珍貴且有限的資源，我們可以把注意力放在如何讓未來的自己與同事更容易閱讀程式這件事上面。

相較於編寫較不緊湊的程式，大量正確命名變數與函式更可以提升可讀性。考慮下面的範例，它是一個更大型的常式的一部分，這段程式負責檢查使用者是否以有效的 session 來登入，若否，就將使用者轉至登入網頁：

```
if (
  auth !== undefined &&
  auth.token !== undefined &&
  auth.expires > Date.now()
) {
  // 我們有個尚未過期的有效權杖
  return
}
```

隨著程式變大，我們可以看到許多含有意圖不明或複雜的句子的 if 陳述式，例如在上面的程式檢查了 auth 的 token 有沒有值，卻不做任何事情的原因到底是什麼？解決這種問題的方法通常是加入一個註解來解釋這項檢查的理由。在這個例子中，註解告訴我們這是個尚未過期的有效權杖。我們可以將註解變成程式，並簡化 if 陳述式，做法是建立一個小函式來拆解條件式，例如：

```
function hasValidToken(auth) {
  if (auth === undefined || auth.token === undefined) {
    return false
  }
  const hasNotExpiredYet = auth.expires > Date.now()
  return hasNotExpiredYet
}
```

現在我們可以將 if 陳述式與註解變成函式呼叫式，如同下面的程式。當然，重構後的程式比較長，但是現在它可以表明自己的意圖，不需要用太多註解就可以在執行工作的過程中描述自己在做什麼了，這一點很重要，因為註解很容易過期、失效。此外，將 if 陳述式裡面的冗長條件式放到一個函式裡面可讓我們在解析基礎程式時更專注。如果每一個條件或工作都在行內，我們就必須瞭解所有事情才能瞭解程式如何工作。當我們將工作與條件式拆到其他函式時，就可以讓讀者相信 hasValidToken 會檢查 auth 物件的有效性，並且比較瞭解條件式：

```
if (hasValidToken(auth)) {
  return
}
```

我們也可以使用較多變數且不建立函式，將 `hasValidToken` 的計算放在 `if` 檢查的前面。使用函式來重構與採取行內的做法之間有一個關鍵的差異：我們使用了短路的 `return` 陳述式，在知道權杖無效時提前跳出[1]。但是當下面的程式在計算的過程中不知道失敗時應該回傳哪個路由時，我們就無法使用 `return` 陳述式跳出計算 `hasValidToken` 的程式段落。因此，我們唯一的選擇是將行內的副常式與容納它的函式緊密地結合，或是在行內計算的中間步驟使用邏輯或三元運算子：

```
const hasToken = auth === undefined || auth.token === undefined
const hasValidToken = hasToken && auth.expires > Date.now()
if (hasValidToken) {
  return
}
```

這兩種選擇都有缺點。如果我們結合使用父函式與 `return` 陳述式，就必須注意別的地方是否重複這個邏輯，因為 `return` 陳述式與它們的邏輯可能也需要修改。如果我們使用三元運算子來進行短路，就有可能產生與原本的 `if` 陳述式裡面的程式一樣複雜的邏輯。

使用函式時，我們不但在中間使用 `return` 來避免那兩個問題，也延遲判斷內容，直到真的需要檢查權杖的有效性為止。

雖然將條件式移到 `function` 看起來是很簡單的工作，但是這種做法是模組化設計的重點。這種做法使用一些附加的函式來組合一些小型複雜程式，有利於建構比較容易閱讀的大型應用程式。我們可以用大量且大部分都很簡單的函式來組成一個真正的基礎程式，裡面的每一段程式都是相對獨立且容易瞭解的，只要我們相信函式做的事情與它們的名稱一樣的話。在這種情況下，最重要的事情是仔細思考每一個函式、變數、套件、目錄或資料結構的名稱。

當我們有意地且廣泛地使用提早回傳（有時稱為**防衛短句**（*guard clause*）或**短路**（*short-circuit*））時，可以大幅提升人們理解應用程式的程度。我們來進一步討論這個概念。

1　在這個範例中，我們在權杖不存在時立刻回傳 false。

4.2.2 防衛短句與分支翻轉

如果你的條件陳述式裡面有一個長分支的話，很有可能做錯了一些事情。下面這種程式在現實的應用程式中很常見，它有一長串的成功案例分支，占了大量的程式，在結尾有一些 else 分支，用來記錄錯誤、throw、return 或以其他方式處理錯誤：

```
if (response) {
  if (!response.errors) {
    // ... 使用 `response`
  } else {
    return false
  }
} else {
  return false
}
```

在這個範例中，我們改善了成功案例的可讀性，並將失敗案例委託給這段程式的最後一個部分處理。這種做法有幾個問題，首先，我們必須無謂地嵌套每一個成功的條件，或是將它們全部放在一個大型的條件陳述式裡面，雖然這種做法可讓人輕鬆瞭解成功案例，但是當我們試著找出這種程式的 bug 時會很麻煩，因為我們在閱讀程式的過程中都必須記得那些條件。

比較好的做法是把條件式反過來放，把所有處理失敗案例的陳述式放在上面。雖然這種做法乍看之下違反直覺，但它有許多好處，它可以減少嵌套、移除 else 分支，並將失敗案例的處理推到程式最上面。它有一個額外的好處在於我們將會更注意錯誤處理，自然會傾向優先考慮失敗的案例。當我們開發應用程式時，這是一種很好的習慣，因為忘記處理失敗案例可能會讓使用者產生不一致的體驗，或導致一個難以追蹤的錯誤。下面的範例說明早期退出法（early exit approach）：

```
if (!response) {
  return false
}
if (response.errors) {
  return false
}
// ... 使用 `response`
```

如前所述，這種早期退出法通常稱為**防衛短句**，它最大的好處之一就是讓我們只要閱讀函式或一段程式的前幾行就可以知道所有的失敗案例。除了使用 `return` 陳述式之外，我們也可以在 promise 環境中，或非同步函式裡面 `throw` 錯誤，在回呼鏈結環境裡面，我們也可以選擇一個 `done(error)` 回呼，後面加上一個 `return` 陳述式。

防衛短句有另一個難以發現的好處：因為它們被放在靠近函式最上面的地方，所以我們可以快速取得它的參數，更瞭解函式如何驗證它的輸入，並且更高效地決定要不要加入新的防衛短句來改善驗證規則。

防衛短句無法告訴讀者呼叫函式時可能出錯的每一件事情，但可以讓人看到可能出現的失敗案例。在函式的實作細節裡面還有其他可能出錯的東西。我們可能會使用不同的服務或程式庫來輔助許多函式的工作，而且那些服務或程式庫也有它們自己的嵌套式防衛短句與潛在失敗案例，它們可能會一路往上浮，直到成為我們自己的函式的輸出結果。

4.2.3 依賴關係金字塔

編寫直觀的程式與編寫直觀的文章沒有太大的差異。文字通常會被篇排成段落，在某種程度上，段落可以和函式比擬，我們可以將段落的輸入視為讀者的知識以及他們在文章中讀過的所有東西，將輸出視為讀取段落得到的東西。

在書本的章節或任何其他長文章中，段落是按順序排列的，方便讀者在跳到下一個段落之前有時間消化每段內容。這種邏輯順序是刻意安排的，如果沒有連貫的排序，讀者幾乎無法理解文字。因此，作者會先介紹概念再討論它們，讓讀者知道來龍去脈。

像下面的程式這種函式表達式在賦值的那一行程式執行之前都不會綁定變數。直到此時，在範圍內才有這個變數綁定的存在（因為懸吊（hoist）的關係），但是它在賦值陳述式執行前都是 `undefined`：

```
double(6) // TypeError: double is not a function
var double = function(x) {
  return x * 2
}
```

此外，當我們處理 `let` 或 `const` 綁定時，如果我們在到達變數宣告陳述式之前參考該綁定，TDZ 語義就會產生錯誤：

```
double(6) // TypeError: double is not defined
const double = function(x) {
  return x * 2
}
```

相較之下，下面這種函式宣告式被懸吊在範圍的最上面，這意味著我們可以在程式的任何地方參考它們：

```
double(6) // 12
function double(x) {
  return x * 2
}
```

我說過文字是按順序編寫的，作者會在討論內容之前先提出一些概念來避免出乎讀者意料之外。但是在程式中說明來龍去脈是不一樣的工作。如果有一個模組的目的是以使用者參與統計數據畫出圖表，在函式裡面最上面的程式應該先處理讀者已經知道的事情，也就是這個算繪函式的高階任務流程：分析資料、建構資料視圖、建立資料的模型，以便將那個模型傳給視覺化程式庫，再算繪圖表。

我們要避免直接編寫不重要的功能，例如將資料點標籤格式化，或建立資料模型的細節。如果我們在設計複雜的功能時將高階的流程放在最上面，將細節放在最後面，就可以讓讀者把目光拉遠，先大致瞭解功能，如此一來，當他們閱讀程式時，就可以瞭解繪製圖表的細節。

具體來說，我們在基礎程式內編寫函式時，應該按照使用者閱讀的順序（先入先出的佇列）來編寫，而不是執行的順序（後入先出的堆疊）。電腦會按照它們被指示的方式運作，並且往流程的深處挖掘，執行最深層的嵌套常式，再跳出一系列的副常式，再執行下一行，但是對人類來說，採取這種方式來閱讀基礎程式非常吃力，因為人類天生不擅長把所有的狀態記在腦袋裡。

我們可以從報紙的文章中找到具體的案例來說明這種螺旋上升法；文章的作者通常用一個標題在最高的層面上描述一個事件，接著用一段前言來總結發生的事情，同樣在較高的層面上。文章的內容也是從較高的層面開始寫起，小心地避免談到太多細節以免嚇退讀者，在文章的中間，讀者才開始看到事件的細節，借著文章開頭描述的來龍去脈，讀者可以完整地瞭解一件事情。

由於程式設計具備堆疊性質，像報紙文章這樣自然地編寫程式並不容易。但是我們可以把實作細節的執行推遲到其他的函式或副常式，而且拜懸吊之賜，我們可以把這些副常式放在使用它們的高階程式後面。藉著這種做法，我們的程式就可以友善地邀請讀者，先展示一些高階的提示，再逐步揭露某項功能如何實作的可怕細節。

4.2.4 擷取函式

當我們使用精心設計的金字塔結構，在頂層處理高階的問題，並且隨著深入系統的內部工作而轉向較具體的問題時，就可以神奇的緊緊控制複雜性。這種結構的威力特別強大，因為它們可將較複雜的項目分解到系統底部的獨立元件中，避免關注點複雜地交織，並且隨著時間的流逝更加難分難解。

將阻礙當前流程的東西都推到函式的底部可以有效提升可讀性。例如，假設我們在行內有個重要的對映程式，它在一個函式的中間。在下面的程式中，我們要將使用者對映到使用者模型內，就像我們在準備 API 呼叫式的 JSON 回應時常做的工作：

```
function getUserModels(done) {
  findUsers((err, users) => {
    if (err) {
      done(err)
      return
    }

    const models = users.map(user => {
      const { name, email } = user
      const model = { name, email }
      if (user.type.includes('admin')) {
```

```
      model.admin = true
    }
    return model
  })

  done(null, models)
 })
}
```

接著比較下面的程式，我們將對映函式取出。因為對映函式不需要 getUserModels 的任何範圍，所以我們可以把它全部拉到範圍外面，不一定要將 toUserModel 放在 getUserModels 函式的最下面。這代表我們現在可以在其他的常式中重複使用 toUserModel 了。我們再也不用懷疑這個函式究竟是否依賴容納它的範圍環境了，讓 getUserModels 專心處理較高階的流程，我們在那裡尋找使用者、將他們對映到他們的模型，以及回傳它們：

```
function getUserModels(done) {
  findUsers((err, users) => {
    if (err) {
      done(err)
      return
    }

    const models = users.map(toUserModel)

    done(null, models)
  })
}

function toUserModel(user) {
  const { name, email } = user
  const model = { name, email }
  if (user.type.includes('admin')) {
    model.admin = true
  }
  return model
}
```

此外，如果我們要在對映與回呼之間做其他的工作，也可以將那個工作移入另一個小函式，讓 getUserModels 函式保持高階。

當我們需要根據條件來定義變數時，也會出現類似的情況，見下面的程式。這種程式會分散讀者瞭解函式核心目的注意力，甚至忽略或掩蓋它們：

```
// ...
let website = null
if (user.details) {
  website = user.details.website
} else if (user.website) {
  website = user.website
}
// ...
```

如下所示，我們最好重構這種賦值，將它變成函式。注意我們加入一個 user 參數，以便將函式推出原本定義 user 物件的範圍鏈，同時將 let 綁定換成 const 綁定。const 的好處是它可讓我們稍後閱讀這段程式時，知道這個綁定永遠不會改變，使用 let 的話，我們無法確定那個綁定會不會改變，無端地增加使用者在瞭解演算法時必須注意的事項：

```
// ...
const website = getUserWebsite(user)
// ...

function getUserWebsite(user) {
  if (user.details) {
    return user.details.website
  }
  if (user.website) {
    return user.website
  }
  return null
}
```

無論你選擇哪一種變數綁定，最好將選擇狀態的程式與使用那些狀態來執行動作的邏輯分開，如此一來，我們就不會分心關注狀態是如何選擇的，因而可以專注在應用程式邏輯試著執行的動作上面。

當我們想要指明一段程式，但不想要使用註解時，可以建立一個函式來裝載那項功能，這種做法不但可以幫演算法處理的事情取一個名稱，也可以將那段程式移開，只留下事情的高階描述。

4.2.5 壓平嵌套的回呼

含有非同步程式流的基礎程式通常會出現回呼地獄，每一個回呼都有一層新的縮排，讓程式碼隨著我們進入非同步流程的深處而越來越難以閱讀：

```
a(function () {
  b(function () {
    c(function () {
      d(function () {
        console.log('hi!')
      })
    })
  })
})
```

這種結構最主要的問題是範圍繼承。最深的、傳給函式 g 的回呼繼承了上面每一代回呼的結合範圍。隨著函式變大，以及有更多變數被綁入各個範圍，我們就越來越難以在不瞭解上幾代的情況下瞭解各個回呼。

我們可以藉著為回呼命名，並將它們全部放在同一個嵌套層來反轉這種耦合。有名稱的函式可以在元件的其他部分中重複使用，或匯出到其他地方使用。在下面的範例中，我們消除多達三層沒必要的嵌套，而且藉由消除嵌套，我們讓每一個函式的範圍更加明確：

```
a(a1)
function a1() {
  b(b1)
}
function b1() {
  c(c1)
}
function c1() {
  d(d1)
}
function d1() {
  console.log('hi!')
}
```

當我們需要父範圍的變數時，可以明確地將它們傳給下一個回呼。下面的範例傳遞一個箭頭函式給 d，而不是直接傳遞 d1 回呼。執行程式時，這個箭頭函式最後都會呼叫 d1，但是現在它有我們需要的額外參數。這些參數可來自任何地方，我們可以在整個回呼鏈做這件事，同時將它們都放在同一個縮排層：

```
a(a1)
function a1() {
  b(b1)
}
function b1() {
  c(c1)
}
function c1() {
  d(() => d1('hi!'))
}
function d1(salute) {
  console.log(salute) // <- 'hi!'
}
```

現在，我們也可以用 async 之類的程式庫來解析它，藉著建立模式來簡化壓平嵌套鏈的程序。async.series 方法可接收一個工作函式陣列，當它被呼叫時，第一個工作會執行，接著它會等到 next 回呼被呼叫之後再跳到下一個工作。當所有工作都執行了，或者其中一個工作引發錯誤時，就會執行以 async.series 的第二個引數接收的完成回呼。下面的範例會依序執行三項工作，一次一個，每個工作都會先等待一秒之後再發出它自己的完成訊號。最後將 'done!' 訊息印到主控台：

```
async.series([
  next => setTimeout(() => next(), 1000),
  next => setTimeout(() => next(), 1000),
  next => setTimeout(() => next(), 1000)
], err => console.log(err ? 'failed!' : 'done!'))
```

async 這類的程式庫都有許多混合與匹配非同步程式流的方式，它們可採取串聯或並發的方式，可讓我們在回呼之間傳遞變數，避免將整個非同步流嵌套在一起。

當然，可能造成地獄般後果的模式不是只有回呼這種非同步流。promise 也很容易造成這種狀態，就像這段刻意寫成的程式：

```
Promise.resolve(1).then(() =>
  Promise.resolve(2).then(() =>
    Promise.resolve(3).then(() =>
      Promise.resolve(4).then(value => {
        console.log(value) // <- 4
      })
    )
  )
)
```

下面是不會被嵌套問題影響的類似程式。我們在這裡利用行為類似樹狀結構的 promise。我們不一定要將每一個反應接到上一個 promise，我們也可以回傳這些 promise，讓鏈結一定出現在最頂層，以避免任何 / 所有的範圍繼承：

```
Promise.resolve(1)
  .then(() => Promise.resolve(2))
  .then(() => Promise.resolve(3))
  .then(() => Promise.resolve(4))
  .then(value => {
    console.log(value) // <- 4
  })
```

類似的情況，使用 async 函式可以將之前那種 promise 流程轉換成可方便我們瞭解程式的執行流程的程式。下面的程式與上面的程式很像，但它改用 async/await：

```
async function main() {
  await Promise.resolve(1)
  await Promise.resolve(2)
  await Promise.resolve(3)
  const value = await Promise.resolve(4)
  console.log(value) // <- 4
}
```

4.2.6 建構類似的工作

我們已經詳細討論“建立抽象不一定是減少應用程式複雜性的最佳做法”的原因了。太早建立抽象可能會造成巨大的損害，因為當時我們可能還不太瞭解企圖隱藏在抽象層後面的元件外形與需求。隨著時間的流逝，我們可能會只為了滿足那個抽象而過度塑造元件。不過，只要避免太早決定抽象就可以避免這種情況。

當我們避免過早建立抽象時，就會開始發現一些函式與類似的函式在外形上驚人地相似。或許它們的流程是一致的，或許它們有類似的輸出，或許唯一的差異是它們在某種情況下會讀取名為 `href` 的屬性，在另一種情況下則讀取名為 `src` 的屬性。

考慮一個案例：有個 HTML 爬蟲需要拉出一個 HTML 網頁的段落，想要在不同的環境中重複使用它們。根據資源的來源，這個爬蟲會使用相對資源路徑，例如 `/weekly`，並將它們解析成絕對端點，例如 `https://ponyfoo.com/weekly`。如此一來，HTML 段落就可以在其他的媒體上重複使用，例如在不同的來源或 PDF 檔案內，而不會破壞使用者的體驗。

下面的程式會接收一段 HTML，並將 `a[href]` 與 `img[src]` 轉換成絕對端點，使用類似 jQuery `$` 的 DOM 公用程式庫：

```
function absolutizeHtml(html, origin) {
  const $dom = $(html)
  $dom.find('a[href]').each(function () {
    const $element = $(this)
    const href = $element.attr('href')
    const absolute = absolutize(href, origin)
    $element.attr('href', absolute)
  })
  $dom.find('img[src]').each(function () {
    const $element = $(this)
    const src = $element.attr('src')
    const absolute = absolutize(src, origin)
    $element.attr('src', absolute)
  })
  return $dom.html()
}
```

因為這個函式很小，所以維持 `absolutizeHtml` 原本的樣子是絕對沒問題的。但是當我們想要在含有我們想要轉換的端點的屬性串列中加入 `iframe[src]`、`script[src]` 與 `link[href]` 時，肯定不希望有同一個函式的五個複本，因為這種情況會讓人一頭霧水，而且當我們之後修改其中一個函式時，那個修改無法反映到其他的函式裡面，平添複雜性。

下面的程式將我們想要轉換的所有屬性放在一個陣列裡面，並將重複的程式抽象化，以重複用於每一種標籤與屬性：

```
const attributes = [
  ['a', 'href'],
  ['img', 'src'],
  ['iframe', 'src'],
  ['script', 'src'],
  ['link', 'href']
]

function absolutizeHtml(html, origin) {
  const $dom = $(html)
  attributes.forEach(absolutizeAttribute)
  return $dom.html()

  function absolutizeAttribute([ tag, property ]) {
    $dom.find(`${ tag }[${ property }]`).each(function () {
      const $element = $(this)
      const value = $element.attr(property)
      const absolute = absolutize(value, origin)
      $element.attr(property, absolute)
    })
  }
}
```

當我們有個平行的流程，而且它的多個函式之間或多或少有些共同點時，也會出現類似的情況。此時，我們可能會考慮將流程放在它自己的函式裡面，並傳遞回呼來處理依案例而不同的邏輯。

我們在其他的情況下可能會發現某些不同的元件都需要使用同一組功能。評論功能經常如此，因為不同的元件（例如使用者個人資訊、專案或作品）都需要接收、展示、編輯與刪除評論的功能。這種情況有時很有意思，我們不一定都能夠預先確定商業需求，所以可能會將副功能放到父元件裡面，之後才發現將該功能取出來以便在其他父元件重複使用比較好。雖然這種做法事後看起來是理所當然的，但是我們不一定都能知道何時需要在其他地方重複使用功能。只為了將來可能需要重複使用而讓一項功能的各個層面保持獨立可能是浪費時間與精力的做法。

不過，執行抽象化可能會讓問題更複雜，所以這種做法不一定划得來，因為底層的程式可能還不夠成熟，或它會讓程式變得更難以閱讀。我們可能還不確定使用類似功能的其他專案最終有哪些特殊需求，所以不想創造一個可能在將來導致未知問題的抽象。

當我們不確定抽象是否符合要求時，可以回去查看進行抽象化之前的原始程式，並且比較兩段程式。新的程式是否比較容易瞭解、修改與使用？對新人來說也是如此嗎？試著在不觀看程式一段時間之後想一下這些問題的答案會不會改變。你也要問問同事的意見，他們或許還沒有看過那段程式，但以後可能必須使用它，所以他們是協助決定哪一種做法比較好的優質人選。

4.2.7 切割大型的函式

我們來看一下將一個原本很大型的函式拆解成小函式的情況。你可以根據步驟或工作的各個層面來拆解功能。這些函式同樣要使用防衛子句來預先檢查所有的錯誤，確保每一個時間點的狀態都在我們允許的限制之下。

典型函式的整體結構一定要從防衛子句開始，以確保可以收到期望的輸入：必須提供的參數、它們正確的資料型態、正確的資料範圍等等。如果這些輸入不正確，我們應該要立刻停止，以確保不會用到我們還無法使用的輸入，以及確保使用者可以在沒有得到他們期望的結果時，可以收到解釋根本原因的錯誤訊息（而不是涉及除錯工作的訊息），例如試著呼叫一個原本認為是函式但實際上不是的輸入，或原本應該讓程式找到一個函式卻無法找到造成的 `undefined is not a function`。

當我們確定輸入的格式正確時，就可以開始處理資料了。我們要轉換輸入，將它們對映到想要產生的輸出，並回傳那個輸出。此時有個拆開函式的機會，每一個將輸入轉換成輸出的地方都有機會放到它自己的函式裡面。減少函式內容複雜性的做法不是將上百行程式折疊成數十行複雜的程式，而是將每段冗長的程式搬到一個獨立的、只負責處理資料的一個面向的函式裡面。接下來我們可以將這些函式懸吊到函式外面，放到它的父範圍內，明白地表示轉換輸入的某個特定面向不需要與執行轉換的整個函式耦合。

轉換操作的每一個面向都可以加以分析並移入它自己的函式。較小型的函式可能會在大型函式裡面接收輸入，或在大型函式裡面產生一些中間值，接著它可以消毒自己的輸入，甚至可以做進一步拆解。“找出一項操作有哪些面向可被遞迴分解並移到它們自己的函式裡面”這個程序非常有效，因為它可以將驚人的大型函式分解成較簡單的、重構起來沒那麼困難的各個部分。

首先，我們可以認出函式中的三或四個大型的面向，並拆解那些部分。第一個部分可能涉及過濾我們不感興趣的輸入，第二個可能涉及將輸入對映到其他的東西，第三個部分可能涉及合併所有的資料。當我們認出函式的各個面向之後，可以將它們拆到它們自己的函式裡面，讓它們有自己的輸入與輸出。隨後，我們可以為每一個較小型的函式做同樣的事情。

只要有機會簡化函式，我們就可以繼續做這件事。上一節談過，在每一次重構之後，我們最好後退一步，評估最終的結果是否比重構前更簡單、更容易使用。

4.3 狀態熵

熵（*entropy*）通常可以定義成規律性或可預測性的缺乏，系統的熵越高，就越混亂與不可預測。程式的狀態很像熵，無論我們談論的是全域應用程式狀態、使用者 session 狀態，或特定使用者 session 內的特定元件實例狀態，當你試著瞭解程式的流程、它如何變成目前的狀態，以及目前的狀態如何決定與協助判斷接下來的流程時，在系統裡面加入的每一個狀態都會建立一個需要考慮新維度。

在這一節，我們要討論如何消除與控制狀態，以及不變性。首先，我們要討論有哪些因素構成目前的狀態。

4.3.1 目前的狀態：它很複雜

狀態的問題在於，隨著應用程式的成長，狀態樹難免就會隨著成長，因此，大型的應用程式都無可求藥地複雜。這個複雜性存在整體程式中，但不一定存在各個部分，這就是將應用程式拆成越來越小的元件可以減少局部的複雜性，卻會增加整體複雜性的原因。也就是說，將一個大型的函式拆成十幾個小型的函式可能會讓整體的應用程式更複雜，因為這會產生 10 倍的元件。但是這種做法也讓人更容易瞭解之前在大型函式內、現在被分到各個小型函式內的各個面向，讓我們更容易維護大型、複雜系統的各個部分，而不需要完全或廣泛地瞭解整個系統。

在核心，狀態是可變的。就算變數綁定本身是不可變的，大局也是可變的。函式每次都有可能回傳不同的物件，我們可以讓那個物件是無法被改變的（immutable），但是使用那個函式的每一段程式每次都會收到不同的物件，這個“不同的物件”指的是不同的參考，也就是說，整體的狀態已經改變了。

考慮一個棋局：兩位玩家在一開始都有 16 個棋子，他們都必須明確指定一個棋盤位置。系統的初始狀態一定是相同的，隨著每位玩家輸入他們的動作，移動與交換棋子，系統的狀態就會開始改變。經過幾次的移動之後，我們可能就會看到從未看過的遊戲狀態。電腦程式的狀態很像下棋，只不過使用者輸入的方式有微細的差別，並且有無窮的棋位和狀態排列組合。

在網路開發世界中，人們會在他們最喜歡的網頁瀏覽器打開一個新標籤，接著在 Google 搜尋“cat in a pickle gifs”。瀏覽器會呼叫作業系統來配置一個新的程序，它會在電腦內的實體硬體中四處移動一些位元。在 HTTP 請求進入網路之前，我們要接觸 DNS 伺服器，進入“將 *google.com* 轉換成 IP 位址”這個複雜的程序。接著瀏覽器會檢查 *ServiceWorker* 有沒有被安裝，假設沒有，這個請求最後會使用預設的路由，在 Google 的伺服器查詢句子“cat in a pickle gifs”。

Google 會從它的公用網路的其中一個前端接收這個請求，這個前端負責平衡負載並將請求轉傳到健康的後端服務。這個查詢會經過各種分析器，那些分析器會試著將它拆成語義根，將查詢指令分解成基本的關鍵字，以更好地匹配相關的結果。

搜尋引擎會從它檢索的數十億個網頁中找出與“cat pickle gif”最有關係的 10 個結果，這當然是由另一個系統主導的（但它也是整體的一部分）。同時，Google 會顯示一個與貓咪 gif 有高度關係的廣告，因為 Google 認為它與發出這個查詢的人口統計相符。這種統計是來自一種可判斷使用者究竟是不是透過 HTTP 標頭 session cookie 來進行驗證的複雜廣告網路。接著 Google 開始建構搜尋結果網頁，並傳給已經開始不耐煩的人類。

當最初的 HTML 開始從線路流出時，搜尋引擎會產生它的結果，並將它傳回去給前端伺服器，伺服器會將它放入將被送回去給人類的 HTML 串流裡面。網頁瀏覽器也會一直努力地工作，盡力解析已經在線路上傳出的不完整 HTML 段落，甚至在 HTML 持續沿著線路往下流時，大膽地向 HTTP 資源（JavaScript、CSS、字型與圖像檔）發出令人欽佩的、同樣令人難以置信的請求。最初的幾段 HTML 會被轉換成 DOM 樹，如果瀏覽器沒有等待同樣難以處理的 CSS 字型請求的話，它會開始在螢幕上顯示網頁的各個部分。

當 CSS 樣式表與字型被傳過來之後，瀏覽器開始建立 CSS 物件模型（CSS Object Model，CSSOM），瞭解如何將 Google 伺服器提供的 HTML 與 CSS 純文字段落轉換成賞心悅目的圖形畫面。瀏覽器擴展程式可能會干涉即將顯示的內容，在我們發現 Google 希望廣告不要被封鎖之前就移除與貓咪圖片有關的廣告。

此時從我決定在酸黃瓜（pickle）圖片中尋找貓咪之後已經過了好幾秒了，顯然還有好幾千人對著相同的系統，在這段時間裡提出同樣愚蠢的要求。

這個例子不但展示了奇妙的機制與基礎設施如何為我們輕率的電腦使用體驗提供服務，也說明完整理解整個系統的難度多麼讓人絕望，更不用說瞭解任何特定時間的完整狀態了。我們該在何處劃下邊界？在我們寫的程式裡面嗎？還是驅動使用者電腦的程式？它們的硬體？驅動伺服器的程式？它的硬體？整體網際網路？電網？

4.3.2 消除伴隨狀態

我們已經知道，一個系統的整體狀態與我們能否理解同一個系統的部分系統沒有關係。所以我們在瞭解如何減少狀態熵時，必須把重點放在系統的各個層面上。正因為如此，將大量的程式拆開是很有效率的做法。這樣就可以減少系統的各個特定面向的局部狀態數量，而且它們是值得注意的狀態種類，因為它們是可以記在腦袋裡面，而且能夠理解的東西。

只要涉及持久保存，短暫狀態與實現狀態之間就存在差異。對網路應用程式而言，**短暫狀態**（*ephemeral state*）指的是尚未保存狀態的使用者輸入，例如當用戶偏好設定沒有被儲存時，它就會遺失，除非被持久保存。**實現狀態**（*realized state*）是已被持久保存的狀態，不同的程式可能會採取不同的做法將短暫狀態轉換成實現狀態。網路應用程式可能會採取離線優先模式，將短暫狀態自動同步到瀏覽器裡面的 IndexedDB 資料庫，最後藉由更新後端系統持久保存的狀態來實現它。當你重新載入離線優先網頁時，未實現的狀態可能會被推送到後端，或被丟棄。

如果應用程式的許多部分都使用一段資料，而且那些資料是其他資料衍生的，就會發生**伴隨狀態**（*incidental state*）。當原始的資料被更新時，衍生的資料很容易就會停留在它們當前的狀態，與已經更新的原始資料相較之下，它們就變成過時的資料。例如，考慮在 Markdown 裡面有一段使用者輸入的資料，以及一個從那段 Markdown 衍生的 HTML 畫面。如果 Markdown 已被更新，但是之前編譯的 HTML 段落沒有被更新，那麼系統的不同部分可能會將表面上來自同一個 Markdown 的內容顯示成不同的 HTML。

當我們持久保存衍生的狀態時，就會讓原始與衍生的資料陷入不同步的風險中。這種情況並非只會在持久保存層發生，它也有可能在其他的情況下發生。當你處理快取層時，它們的內容可能會因為底層的原始內容被更新了，但是因為你忘了將已被更新的資料所衍生的內容設為失效而過時。這種問題也經常在資料庫反正規化時發生，此時建立衍生的狀態可能會出現同步方面的問題，並讓衍生資料比原始資料老舊。

在論壇軟體中，當使用者個人資訊被反正規化成評論物件以節省資料庫的往返時經常出現這種不同步的情況。當使用者更改他們的個人檔案時，他們的舊評論會保留舊的頭像、簽名或顯示名稱。為了避免這種問題，你必須用衍生狀態的來源重新計算它們。就算你不一定做得到、這種做法不一定有效果，甚至這種做法不一定切合實際，鼓勵整個開發團隊採取這種思維仍然可以提升他們對於反正規化狀態的微妙複雜性的警覺心。

只要我們意識到資料反正規化的風險，就可以放心地使用它們。在性能優化的案例中也可以看到類似的情況，因為我們應該意識到，試著根據微基準測試（microbenchmark）而不是資料驅動優化（data-driven optimization）來優化程式很有可能浪費開發人員的時間。此外，如同快取與其他中間階段的資料表示法，效能優化可能會產生 bug，以及難以維護的程式。這就是我們不能輕易著手進行兩者的原因，除非在某些商業案例中，效能已經到達底線了。

4.3.3 容納狀態

狀態是不可避免的。如同第 77 頁的 4.3.1 小節“目前的狀態：它很複雜”所述，全局幾乎不會影響我們維護一小部分的狀態樹的難易度。在局部的情況下（我們在日常工作中使用的每一段互有關聯、其實是分開的程式段落），唯一重要的東西是我們收到的輸入與我們產生的輸出。儘管如此，在我們可以送出單項資訊時產生大量的輸出也是不可取的做法。

當所有的中間狀態都被放在一個元件裡面，而不是被洩漏到別的地方，我們就可以減少與元件或函式互動時的摩擦。出於輸出的目的，我們越將狀態壓縮成它最小的表示形式，我們的函式就越容易控制，順便也會讓介面更容易使用。因為需要取出的狀態比較少，使用那些狀態的方法也會減少，進而減少潛在的使用案例，但是藉由採取組合性高的做法（而不是滿足每一個可能的需求），我們可讓每一個功能在單獨運算時更加簡單。

另一種情況，我們可能會在修改輸入的特性值時順便增加複雜性，我們應該明確地提示這種操作，以避免產生混淆，可能的話應避免這種做法。如果函式的定義是它收到的輸入與它產生的輸出之間的方程式，那麼讓它會產生副作用是不聰明的做法。在函式的內文對輸入進行改變是一種副作用，它可能會變成 bug 與混淆的根源，因為追蹤這些變動的來源非常困難。

我們經常看到一些函式會修改一個輸入參數接著回傳那個參數。這種情形經常在 Array#map 回呼發生，因為開發人員想要改變串列內的每一個物件的一或兩個特性，同時希望保留原始的集合物件，如下所示：

```
movies.map(movie => {
  movie.profit = movie.gross - movie.budget
  return movie
})
```

在這些案例中，比較好的做法是完全不要使用 Array#map，而是改用 Array#forEach 或 for..of，例如：

```
for (const movie of movies) {
  movie.profit = movie.gross - movie.budget
}
```

Array#forEach 或 for..of 都無法連結，如果你要用“超過 $15M 的利潤”這種規則來過濾 movies，它們都是無法產生任何輸出的純迴圈。但是這個問題反而是件好事，因為它在 movie 的項目這個層面上明確地拆開資料的變動，我們為 movies 的每一個項目加上 profit 特性，想要產生一個全新的集合，裡面只有昂貴的電影：

```
for (const movie of movies) {
  movie.profit = movie.amount * movie.unitCost
}
const successfulMovies = movies.filter(
  movie => movie.profit > 15
)
```

充分利用不變性是不涉及純迴圈並且不需要依靠容易損壞的副作用的另一種做法。

4.3.4 利用不變性

下面的範例利用物件展開運算子來將 movie 的每一個特性複製到新物件，接著在它裡面加入一個 profit 特性。我們在這裡用 movie 物件建立一個新的集合：

```
const movieModels = movies.map(movie => ({
  ...movie,
  profit: movie.amount * movie.unitCost
}))
const successfulMovies = movieModels.filter(
  movie => movie.profit > 15
)
```

因為我們為物件做了全新的複本，所以保留了 movies 集合。此時，假設 movies 是函式的輸入，如果函式意外地修改輸入而產生副作用，我們可以確定對於那個集合內的任何電影的修改都不會讓函式變不純。

藉由加入不變性，我們保持函式的純度。這意味著它的輸出完全取決於它的輸入，而且我們沒有創造任何副作用，例如改變輸入本身。這反過來也保證函式是冪等的；用同樣的輸入重複呼叫函式一定會產生相同的結果，因為輸出完全由輸入決定，而且沒有副作用。相較之下，如果我們在每一個電影裡面加入一個 profit 欄位來汙染輸入，這個冪等特性就值得懷疑了。

如果你有許多負責將資料反覆轉換成不同外形的中間狀態或邏輯，或許是你使用了不好的資料表示格式。當我們選擇正確的資料結構時，將輸入變成輸出的過程中涉及的轉換、對映與迴圈數量會少很多。在下一節，我們要更深入討論資料結構。

4.4 資料結構是真正的王者

資料結構可能造就或破壞一個應用程式，因為圍繞著資料結構的設計決策主導了這些結構將會被如何存取。考慮下面的程式，它的功能是提供一串部落格文章：

```
[{
  slug: 'understanding-javascript-async-await',
  title: 'Understanding JavaScript’s async await',
```

```
    contents: '...'
  }, {
    slug: 'pattern-matching-in-ecmascript',
    title: 'Pattern Matching in ECMAScript',
    contents: '...'
  }, ...]
```

當我們需要排序清單或將它的物件對映到不同的表示法，例如 HTML 時，很適合使用陣列來製作清單。但是它不適合其他的事物，例如尋找單個想要使用的、更新的或移除的元素。陣列也比較難以保留唯一性，例如難以確保部落格文章的 `slug` 欄位都是唯一、獨有。在這些情況下，我們可以選擇物件對映法，如下所示：

```
{
  'understanding-javascript-async-await': {
    slug: 'understanding-javascript-async-await',
    title:'Understanding JavaScript's async await',
    contents: '...'
  },
  'pattern-matching-in-ecmascript': {
    slug: 'pattern-matching-in-ecmascript',
    title: 'Pattern Matching in ECMAScript',
    contents: '...'
  },
  ...
}
```

我們可以使用 `Map` 來建立類似的結構，並且同樣受惠於原生的 `Map` API：

```
new Map([
  ['understanding-javascript-async-await', {
    slug: 'understanding-javascript-async-await',
    title: 'Understanding JavaScript's async await',
    contents: '...'
  }],
  ['pattern-matching-in-ecmascript', {
    slug: 'pattern-matching-in-ecmascript',
    title: 'Pattern Matching in ECMAScript',
    contents: '...'
  }],
  ...
])
```

我們選擇的資料結構會限制並決定 API 的外形。在很大的程度上，複雜的程式往往是“將拙劣的資料結構與新的或不可預見的需求（而且這些需求不太適合該結構）結合”所產生的結果。你應該試著配合當下的工作來轉換資料，讓資料的使用更加方便，並且簡化演算法。

我們無法在決定該使用哪一種資料結構時預先知道所有的情況，但我們可以使用符合新需求的新結構來建立同一些底層資料的中間表示結構，接著當我們編寫程式時，就可以利用這些針對新需求而優化的結構。如果你採取另一種做法，在編寫新程式時使用不太符合它的原始資料結構，必然讓邏輯不得不圍繞著既有的資料結構運作，因此會寫出不理想的程式，讓人在瞭解與更新它時必須費一番功夫。

當我們隨著不斷改變的需求來調整資料結構時，可以發現根據資料來編寫的程式比單純根據邏輯來編寫的程式還要好。當資料很適合使用它的演算法時，程式就會變得更簡單：邏輯可以專心處理有待解決的商業問題，而資料可專注避免在程式邏輯中不斷做資料轉換。我們可以果斷地分離資料或它的表示法以及使用它的邏輯來分離關注點。當我們分離兩者，資料就是資料，邏輯則是邏輯。

4.4.1 隔離資料與邏輯

把資料與修改或存取資料結構的方法嚴格地分開可以協助減少複雜性。當資料沒有跟功能混在一起時，它就會與功能分離，因此更容易閱讀、瞭解與序列化。原本與資料綁在一起的邏輯也可以用來處理特徵與原始資料相同的資料。

例如，在下面的程式中，有一段資料與使用它的邏輯糾纏不清。當我們想要使用 `Value` 的方法時，必須在這個類別內包裝輸入，如果之後我們想要取得輸出，就必須用自訂的 `valueOf` 方法或類似的方法來轉換它：

```
class Value {
  constructor(value) {
    this.state = value
  }
  add(value) {
    this.state += value
    return this
  }
  multiply(value) {
```

```
    this.state *= value
    return this
  }
  valueOf() {
    return this.state
  }
}
console.log(+new Value(5).add(3).multiply(2)) // <- 16
```

相較之下，考慮下面的程式。我們有一些單純用輸入來計算加法與乘法的函式，它們是冪等的，使用它們時，你不需要將輸入包裝成 Value 的實例，所以這段程式對讀者來說比較容易瞭解。冪等有很大的好處，因為它讓程式更容易理解：當我們幫 5 加上 3 時，我們知道輸出是 8，當我們將現在的狀態加 3 時，我們只知道 Value 會將它的狀態加 3：

```
function add(current, value) {
  return current + value
}
function multiply(current, value) {
  return current * value
}
console.log(multiply(add(5, 3), 2)) // <- 16
```

根據這個超越基本數學的概念，我們可以瞭解將資料形式與函式（或狀態與邏輯）解耦的做法提供的好處。比起將資料與它周圍的邏輯緊密結合，採取這種做法使我們更容易將線上的一般資料序列化、讓它在不同的環境中保持一致、無論是什麼邏輯都可以使用它。

在某種程度上，函式免不了與它們接收的資料有緊密的關係：為了讓函式按照期望地工作，它收到的資料必須滿足輸入的合約。資料必須具備某種外形、特徵或遵守函式的某些限制才能讓函式正確執行。有些限制比較寬鬆（例如“必須有個 toString 方法”）、有些非常明確（例如“必須是接收三個引數並回傳一個介於 0 與 1 之間的十進制數字的函式”），有些介於兩者之間。簡單的介面通常有嚴格的限制（例如只接受布林值），寬鬆的介面通常因為它的彈性而背負著沉重的負擔，為了試圖讓同一個參數可接受多種外形與大小的輸入，而必須使用複雜的程式。

我們要盡量限制邏輯，只在有商業需求的情況下，才引入彈性。如果我們限制最初的介面，當新的使用案例或需求出現時，我們絕對可以慢慢地擴展它。先實作小型的使用案例再擴展介面，讓它自然地處理特定的、真實世界的使用案例。

另一方面，我們應該轉換資料來配合優雅的介面，而不是試圖將同樣的資料結構塞到每一個函式裡面。這樣做的話，你就會遇到類似無法使用草率完成的抽象層來輕鬆地運用底層的程式所產生的挫折感。你應該將這些轉換與資料本身分開，以確保資料的每一種中間表示法都方便你重複使用。

4.4.2 限制邏輯與分群

如果你需要改變一個資料結構（或使用那個資料結構的程式），而且與它有關的邏輯遍布整個基礎程式，可能會造成毀滅性的連鎖反應，此時，我們必須全面更新程式，小心地避免錯過任何地方，在過程中也要更新與修復測試案例，並且做更多測試來確定那些更新沒有破壞應用邏輯，這些事情全部都要同時完成。

因此，我們應該盡量把處理特定資料結構的程式放在少量的模組裡面。例如，如果我們有個 `BlogPost` 資料庫模型，合理的做法是先在單一檔案裡面放入與 `BlogPost` 有關的所有邏輯。在這個檔案裡面，我們可以公開一個 API，讓使用者建立、發布、編寫、刪除、更新、搜尋或分享部落格文章。隨著與部落格文章有關的功能日漸增加，我們可以將邏輯分散到位於同一處的多個檔案裡面：或許用一個檔案來處理搜尋、解析原始的使用者查詢指令來找出準備傳給 Elasticsearch 或其他搜尋引擎的標籤或詞彙，以及用另一個檔案來處理分享文章，公開一個 API 來透過 email 或其他社群媒體平台分享文章，以此類推。

將邏輯分到同一個目錄底下的多個檔案，可協助防止只為了使用同一個資料結構而將功能密切相關的程式混在一起所造成的功能爆炸。

如果採取另一種做法，將與應用程式的特定方面（例如部落格文章）有關的邏輯直接放在需要使用它的元件裡面，而且不加以檢查的話，就會產生問題，這種做法或許可以提升短期的生產力，但長期來看，我們得擔心將邏輯（在這個例子是與部落格文章有密切關係的）與全然不同的面向緊密結合。同時，如果我們將大量的邏輯分散到幾個不相關的元件內，當我們大規模地更新基礎程式時，可能會遺漏功能的關鍵要素。我們最終可能會做出很久之後才會明顯看到的錯誤假設或錯誤。

當我們還不知道功能是否會成長，或成長幅度多大時，可以先將邏輯放到需要它的地方。過了初始探索期，當我們明顯看到這個功能會持續存在，並且可能有更多功能出現時，根據上述的原因，我們應該功能隔離。之後，隨著功能的大小逐漸成長，以及需要解決的問題越來越多，我們可以把各個方面變成不同的組件，但是仍然要在檔案系統中根據邏輯為它們分組，以便在需要的時候更容易同時考慮所有相關的問題。

我們已經剖析模組設計的本質和如何描述介面，以及如何在內部程式中鎖定、隔離與降低複雜性了，接下來要開始討論 JavaScript 特有的語言功能，以及可從各種模式中得到的利益。

第五章

模組化模式與實踐

在這一章，我們要看一些最新的語言功能，以及如何在降底複雜性的過程中使用它們。我們也會分析具體的編寫模式與規範，它們可以協助我們找到簡單的方法來處理複雜的問題。

5.1 使用現代的 JavaScript

如果使用得當，最新的 JavaScript 功能可以大大地減少只為了繞過語言限制而存在的程式碼數量。這可以增加訊號量（可藉由閱讀程式瞭解的有價值的資訊量），同時減少 boilerplate 與重複。

5.1.1 樣板字串

在 ES6 之前，JavaScript 社群發明了五六種顯示多行字串的方式：從使用 \ 轉義字元或 + 算術運算子來串接字串，到使用 `Array#join`，或是在函式中用字串來表示函式——它們的目的都只是為了支援多行表示法。

此外，當時無法在字串中插入變數，但是你可以將變數與一或多個字串接在一起，來繞過這個問題：

```
'Hello ' + name + ', I\'m Nicolás!'
```

ES6 加入樣板字串（template literal），讓我們可用語言原生的功能來解析多行字串，而不需要在使用者空間賣弄聰明地動手腳。

與字串不同的是，使用樣板字串的時候，我們可以使用最新的語法來插值，因為它們使用反引號，而不是在英文中較常見的單或雙引號，所以也比較不需要使用轉義：

```
`Hello ${ name }, I'm Nicolás!`
```

除了這些改善之外，樣板字串也可讓你標記樣板。你可以在樣板的前面加上一個自訂的函式來轉換樣板的輸出，做輸入消毒、格式化或任何其他事情。

舉個例子，下面的函式可做上述的消毒。所有被插入樣板的表達式都會經過 insane 函式（來自同名的程式庫），它會移除不安全的 HTML（標籤、屬性或整個樹狀結構），讓使用者提供的字串保持原樣：

```
import insane from 'insane'

function sanitize(template, ...expressions) {
  return template.reduce((accumulator, part, i) => {
    return accumulator + insane(expressions[i - 1]) + part
  })
}
```

在下面的範例中，我們用插值表達式在樣板字串中嵌入一個使用者提供的 comment，讓 sanitize 標籤負責其餘的事項：

```
const comment = 'exploit time! <iframe src="http://evil.corp">
                </iframe>'
const html = sanitize`<div>${ comment }</div>`
console.log(html)
// <- '<div>exploit time! </div>'
```

當我們需要使用資料來組合字串時，樣板字串是取代字串串接的簡潔做法。當我們不想要轉義單或雙引號時，樣板字串也很好用。當我們想寫多行字串時也可以使用它。

在任何其他情況下（沒有插值、轉義或多行的需求時），選擇哪種做法依個人風格而定。

在《*Practical Modern JavaScript*》的最後一章"Practical Considerations"裡面，我主張無論如何都應該使用樣板字串[1]，原因很多，以下是最重要的兩個：為了方便，這樣你就不需要根據字串的內容，來回轉換單引號字串與樣板字串了；以及為了一致，這樣你就不需要每次都得停下來考慮應該使用哪一種引號（單、雙或反）。你或許要花一點時間來熟悉樣板字串，我們已經使用單引號字串很久了，但樣板字串才剛出現而已。如果你或你的團隊比較想要繼續使用單引號字串，也行！

當你選擇與風格有關的事項時，可以先讓團隊就首選的風格達成共識，之後再用 ESLint 這種 lint 工具強制執行那個選擇。如果團隊的成員大部分都比較喜歡繼續使用單引號字串，在絕對必要時才使用樣板字串的話，這種做法也是絕對可行的。

如果我們使用 ESLint 這類的工具，並持續進行整合來實踐規則，就不需要浪費任何一個人的時間來讓每一個實例都有一致的風格了。當你用工具來強制實施風格選項時，與那些選擇的討論就不會經常在成員們合作編寫程式的時候出現。

區分"單純選擇編寫風格"（往往會變成浪費時間的爭論）以及"在對抗複雜性的持久戰中，選擇可以提供更多好處的選項"非常重要。雖然前者有可能讓基礎程式在主觀上更容易閱讀，或更美觀，但唯有深思熟慮地行動才能控制複雜性。誠然，讓整個基礎程式擁有一致的風格有助於遏制複雜性，但只要我們持續採用一致的風格，那個風格到底是哪一種就沒那麼重要了。

1 你可以到 Pony Foo 網站（*https://mjavascript.com/out/template-literals*）閱讀我寫的關於為何樣板字串比字串好的部落格文章。《*Practical Modern JavaScript*》（O'Reilly，2017）是 Modular JavaScript 系列的第一本書（繁體中文版書名為《現代 *JavaScript* 實務應用》，碁峰資訊出版，2018），你現在看的是這個系列的第二本。

5.1.2 解構、其餘與展開

解構（destructuring）、其餘（rest）與展開（spread）功能可以在 ES6 使用了。這些功能可完成不同的事情，我們接著來討論。

解構可協助我們指出將要用來計算函式的輸出的物件欄位。在下面的範例中，我們解構 `ticker` 變數的一些特性，接著用 `...details` rest 模式來結合它，裡面有我們未在解構模式中明確地指名的每一個 `ticker` 特性：

```
const { low, high, ask, ...details } = ticker
```

在函式的最上面（或者更好的地點，在參數串列中）使用解構方法可以明確地表達函式輸入的合約。

深層的解構可以提供進一步的功能，讓我們可以視需求深入挖掘正在讀取的物件的結構。在下面的範例中，我們解構 JSON 回應中的部門資訊。當我們將這種解構陳述式放在畫面算繪函式的最上面時，部門清單的各個層面會變得一目瞭然。當我們讀取 `response.contact.name` 或 `response.contact.phone` 這種特性鏈時也可以避免重複：

```
const {
  title,
  description,
  askingPrice,
  features: {
    area,
    bathrooms,
    bedrooms,
    amenities
  },
  contact: {
    name,
    phone,
    email
  }
} = response
```

有時深度解構的特性名稱在它的環境之外沒有意義。例如，我們在範圍內加入 `name`，但是它是清單中的聯絡人的名字，不要將它與清單本身的名稱混為一談了。我們可以賦與聯絡人的 `name` 一個別名，例如 `contactName` 或 `responseContactName` 來釐清這個清況：

```
const {
  title,
  description,
  askingPrice,
  features: {
    area,
    bathrooms,
    bedrooms,
    amenities
  },
  contact: {
    name: responseContactName,
    phone,
    email
  }
} = response
```

當我們使用 : 來指定別名時，一開始可能很難記得前面那一個究竟是原始的名字還是別名。有一種簡單的方式可以幫助你記得，就是將 : 想成單字 "as"，如此一來，`name: responseContactName` 就可以讀成 "name as responseContactName"。

如果我們想要解構特性的某些內容，同時也想維持對物件的存取，也可以列出同樣的特性兩次。例如，如果我們想要解構 `contact` 物件的內容，就像前面的範例，但也想要取得整個 `contact` 物件的參考，可以這樣做：

```
const {
  title,
  description,
  askingPrice,
  features: {
    area,
    bathrooms,
    bedrooms,
    amenities
  },
  contact: responseContact,
  contact: {
    name: responseContactName,
    phone,
    email
  }
} = response
```

物件展開可協助我們使用原生語法來建立物件的淺複本。我們也可以結合物件展開與我們自己的特性來建立一個覆寫原始物件的值的複本：

```
const faxCopy = { ...fax }
const newCopy = { ...fax, date: new Date() }
```

這可讓我們建立經過稍微修改的物件淺複本。在做分散狀態管理時，這代表我們不需要依靠 Object.assign 方法呼叫式或公用程式庫。雖然 Object.assign 呼叫式本身沒有什麼問題，但物件展開的 ... 抽象更容易讓我們在不知不覺中內化，在腦海中將它的意義對映回去 Object.assign，因為我們處理的是較不抽象的知識，所以程式也會變得更容易閱讀。

另一個值得一提的地方是 Object.assign() 可能會造成意外：如果我們在這個使用案例中，忘了在第一個引數傳入一個空物件，將會改變這個物件。我們絕對不會在使用物件展開時不小心改變任何東西，因為這個模式必定就像在 Object.assign 的第一個位置傳入空物件。

5.1.3 堅持使用簡單的 const 綁定

如果我們預設使用 const，當我們需要使用 let 或 var 時，就可以知道那些程式肯定過於複雜了，努力避免這種綁定幾乎都會讓程式更好與更簡單。

在第 67 頁的 4.2.4 小節"擷取函式"中，我們看過被指派給預設值的 let 綁定，在它後面的條件陳述式可能會改變變數綁定的內容：

```
// ...
let type = 'contributor'
if (user.administrator) {
  type = 'administrator'
} else if (user.roles.includes('edit_articles')) {
  type = 'editor'
}
// ...
```

需要使用 let 與 var 綁定的情況大部分都與上面的範例差不多，它們都可以藉著將賦值式放到函式裡面，並將回傳值指派給 const 綁定來完成。這種做法可以降低複雜性，也可以讓你不需要檢查這個綁定有沒有被後面的程式重新指派：

```
// ...
const type = getUserType(user)
// ...

function getUserType(user) {
  if (user.administrator) {
    return 'administrator'
  }
  if (user.roles.includes('edit_articles')) {
    return 'editor'
  }
  return 'contributor'
}
```

當我們將一項操作的結果重複指派給同一個綁定來將它拆成好幾行的時候，會發生類似的問題：

```
let values = [1, 2, 3, 4, 5]
values = values.map(value => value * 2)
values = values.filter(value => value > 5)
// <- [6, 8, 10]
```

替代的做法是避免重新賦值，改用鏈結：

```
const finalValues = [1, 2, 3, 4, 5]
  .map(value => value * 2)
  .filter(value => value > 5)
// <- [6, 8, 10]
```

比較好的做法是每次都建立新的綁定，根據上一個綁定來計算它們的值，來獲得使用 const 來做這件事的好處。接下來我們就可以放心地相信這個綁定在後續的程式中不會被改變了：

```
const initialValues = [1, 2, 3, 4, 5]
const doubledValues = initialValues.map(value => value * 2)
const finalValues = doubledValues.filter(value => value > 5)
// <- [6, 8, 10]
```

接下來我們要討論比較有趣的主題：非同步程式流程。

5.1.4 瀏覽回呼、promise 與非同步函式

現在 JavaScript 提供了許多關於非同步演算法的選項：一般的回呼模式、promise、非同步函式、非同步迭代器、非同步產生器，以及程式庫提供的模式。

每一種解決方案都有各自的優缺點：

- 回呼通常很可靠，但是當我們想要並行執行工作時通常需要用到程式庫。
- promise 一開始可能難以理解，但是它們有一些工具可用，例如供並行工作使用的 `Promise#all`，只不過在某些情況下，它們可能難以除錯。
- 使用非同步函式需要習慣 promise 的用法，但它們比較容易除錯，也通常可以產生比較簡單的程式，而且它們很容易就可以和同步函式穿插在一起。
- 迭代器與產生器都是強大的工具，但是它們沒有太多實際的使用案例，所以我們必須仔細想一下，之所以使用它們，究竟是因為它們真的符合需求，還是只因為我們可以這樣做。

回呼應該是最簡單的機制，雖然 promise 也差不多，因為現在大部分的語言都是圍繞著它們建立的。無論如何，在決定使用哪一種模式的背後，保持一致性仍然是重點之所在。雖然你也可以混合、匹配一些不同的模式，但是在多數情況下，我們應該重複使用同一些模式，如此一來團隊才可以熟悉基礎程式，而不用在每次遇到看不懂的部分時，都必須猜測它的意義。

使用 promise 與非同步函式難免需要將回呼轉換成這個模式。在下面的範例中，我們做了一個 `delay` 函式，它會回傳一個以指定的到期時間設定的 promise：

```
function delay(timeout) {
  const resolver = resolve => {
    setTimeout(() => {
      resolve()
```

```
    }, timeout)
  }
  return new Promise(resolver)
}
delay(2000).then(...)
```

當函式以最後一個引數來接收 Node.js 的錯誤優先回呼型函式時，我們也必須使用類似的模式。但是從 Node.js v8.0.0 開始，有一種內建的工具將這些回呼式函式“promise 化”，讓它們回傳 promise[2]：

```
import { promisify } from 'util'
import { readFile } from 'fs'
const readFilePromise = promisify(readFile)

readFilePromise('./data.json', 'utf8').then(data => {
  console.log(`Data: ${ data }`)
})
```

程式庫可以對用戶端做同樣的事情（其中一個範例是 bluebird），我們也可以建立自己的 promisify。實質上，promisify 可接收我們想要在 promise 流程中使用的函式，並回傳一個不同的、“promise 化”的函式，這個函式會回傳一個 promise，我們要在那裡呼叫我們的函式並傳入所有的引數與一個自訂的回呼，它會在決定 promise 應該被滿足或拒絕之後履行 promise：

```
// promisify.js
export default function promisify(fn) {
  return (...rest) => {
    return new Promise((resolve, reject) => {
      fn(...rest, (err, result) => {
        if (err) {
          reject(err)
          return
        }
        resolve(result)
      })
    })
  }
}
```

2 也請注意，從 Node.js v10.0.0 開始，原生的 fs.promises 介面可以使用 promise 版本的 fs 模組的方法。

接著，使用 promisify 函式與之前使用 readFile 的範例沒有什麼不同，只不過我們要提供自己的 promisify 實作：

```
import promisify from './promisify'
import { readFile } from 'fs'
const readFilePromise = promisify(readFile)

readFilePromise('./data.json', 'utf8').then(data => {
  console.log(`Data: ${ data }`)
})
```

將 promise 轉換回去回呼格式比較簡單，因為我們可以加入限制來處理滿足與拒絕兩種結果，並且呼叫 done，傳入相應的結果：

```
function unpromisify(p, done) {
  p.then(
    data => done(null, data),
    error => done(error)
  )
}
unpromisify(delay(2000), err => {
  // ...
})
```

最後，當我們將 promise 轉換成非同步函式時，程式語言扮演原生的相容層，將我們 await 的每一個表達式裝入 promise，所以不需要做任何應用層級的轉換。

我們也可以在非同步程式中實施編寫簡潔程式的準則，因為這些函式的編寫方式沒有任何根本的區別。我們應該把重點放在如何將這些流程接在一起，無論它們是回呼、promise 或其他東西組成的。將工作接在一起之後，嵌套就變成複雜性的主要來源之一了。如果有幾個任務被嵌套在一個樹狀結構中，我們可能會產生一個深度嵌套的程式。處理這種閱讀困難的最佳做法之一就是將程式拆成較小的樹狀結構，將它們變淺。採取這種做法時，我們必須加入一些額外的函式呼叫式來將這些樹接在一起，但是當我們試著瞭解操作的流程時，它們可以明顯地移除複雜性。

5.2 組合與繼承

接著來討論如何改善應用程式的設計，讓它超越 JavaScript 在語言層面提供的功能。在這一節，我們要討論兩種讓部分的基礎程式成長的做法：

繼承

將程式互相堆疊來直向擴展，以便利用既有的功能，同時自訂其他的並加入我們自己的功能。

組合

在同一個抽象層加入相關的或不相關的程式來橫向擴展應用程式，同時將複雜性降到最低。

5.2.1 透過類別來繼承

在 ES6 為 JavaScript 加入一級的原型繼承語法之前，使用者族群並未廣泛地使用原型。當時有許多程式庫提供協助方法來讓繼承更容易實作，它們在底層使用原型繼承，但隱藏實作細節，不讓使用者看到。就算 ES6 的類別看起來很像其他語言的類別，但它們是在底層使用原型並讓原型與舊的技術和程式庫相容的語法糖。

隨著 `class` 關鍵字的加入，以及 React 框架原本就鼓勵使用類別來宣告有狀態的元件，類別引發人們愛上一種以前在 JavaScript 非常不受歡迎的模式。在 React 的例子中，基礎類別 `Component` 提供了輕量級的狀態管理方法，將算繪與生命週期留給繼承 `Component` 的使用者類別來做。在必要時，使用者也可以實作 `componentDidMount` 這類的方法，在元件樹被裝載之後做事件綁定；以及 `componentDidCatch`，用來捕捉在元件的生命週期引發但未被處理的例外；此外還有各種其他的軟體介面方法。更不用說在基礎類別 `Component` 到處都有的選用生命週期 hook 了，它們只能用於 React 的算繪機制。我們可以發現 `Component` 類別仍然把重點放在狀態管理，由使用者提供其他的事項。

如果你有抽象介面需要實作，或是有方法需要覆寫，特別是當你想要表示的物件可以對映到真實世界時，繼承也很實用。在實際的應用上，以及在 JavaScript 中，當你想要擴展的原型為父代原型提供良好的描述時，繼承就會有很棒的效果：`Car` 是一種 `Vehicle`，但汽車不是 `SteeringWheel`，方向盤只是汽車的一種零件而已。

5.2.2 組合的額外好處：各個層面與擴展

繼承會幫物件加上幾層複雜性，這些複雜階層有其順序：我們會從物件中最不具體的基礎元件開始建構，一直到最最具體的面向。當我們根據繼承鏈來編寫程式時，複雜性會跨越不同的類別，但是大部分都位於“提供簡潔的 API 並且隱藏那些複雜性的基礎階層”中。

組合是取代繼承的做法。組合不是直向堆疊功能來建立物件，而是將正交的功能串在一起。**正交**代表它們的功能是互補的，且不會更改彼此的行為。

遞增法（additive）是將功能組合起來的方式之一：我們可以編寫擴展函式，用新的功能升級既有的物件。在下面的程式中，有個 `makeEmitter` 函式可將靈活的事件處理功能加到任何一種目標物件，為它加上一個 `.on` 方法，讓我們可以在那裡為目標物件加入事件監聽器；以及一個 `.emit` 方法，讓使用者可以在那裡指出事件的類型，以及想要傳給事件監聽器的參數（任意數量）：

```
function makeEmitter(target) {
  const listeners = []

  target.on = (eventType, listener) => {
    if (!(eventType in listeners)) {
      listeners[eventType] = []
    }

    listeners[eventType].push(listener)
  }

  target.emit = (eventType, ...params) => {
    if (!(eventType in listeners)) {
      return
    }

    listeners[eventType].forEach(listener => {
```

```
      listener(...params)
    })
  }

  return target
}

const person = makeEmitter({
  name: 'Artemisa',
  age: 27
})

person.on('move', (x, y) => {
  console.log(`${ person.name } moved to [${ x }, ${ y }].`)
})

person.emit('move', 23, 5)
// <- 'Artemisa moved to [23, 5].'
```

這種做法可以處理許多情況，它可以協助我們在任何物件加入事件發送功能，而不需要在物件原型鏈的某處加入一個 EventEmitter 類別。當基礎類別不是你的、當目標不是類別、或者當你只想為類別的某些實例加入功能時（有些人想要發出事件，也有些人比較安靜，不需要這種功能），這種機制很實用。

另一種組合的方式不使用擴展函式，而是使用函式，它不會修改目標物件。在下面的程式中，我們用一個 emitters map 來儲存目標物件，並將它們對映至它們擁有的事件監聽器，用一個 onEvent 函式來將事件監聽器指派給目標物件，以及用一個 emitEvent 函式來觸發目標物件所有特定類型的事件監聽器，並傳送所提供的參數。執行以上的工作不需要修改 person 物件來將事件處理功能指派給物件：

```
const emitters = new WeakMap()

function onEvent(target, eventType, listener) {
  if (!emitters.has(target)) {
    emitters.set(target, new Map())
  }

  const listeners = emitters.get(target)

  if (!(eventType in listeners)) {
    listeners.set(eventType, [])
  }
```

```
    listeners.get(eventType).push(listener)
  }

  function emitEvent(target, eventType, ...params) {
    if (!emitters.has(target)) {
      return
    }

    const listeners = emitters.get(target)

    if (!listeners.has(eventType)) {
      return
    }

    listeners.get(eventType).forEach(listener => {
      listener(...params)
    })
  }

  const person = {
    name: 'Artemisa',
    age: 27
  }

  onEvent(person, 'move', (x, y) => {
    console.log(`${ person.name } moved to [${ x }, ${ y }].`)
  })

  emitEvent(person, 'move', 23, 5)
  // <- 'Artemisa 移往 [23, 5].'
```

注意我們在這裡使用 WeakMap 與 Map 兩者。使用一般的 Map 可防止記憶體回收機制在 target 只被 Map 項目參考時進行清理，而 WeakMap 允許記憶體回收機制處理它的鍵物件。因為我們通常會將事件指派給物件，所以可以使用 WeakMap 來避免建立可能造成記憶體洩漏的強參考。另一方面，讓事件監聽器使用一般的 Map 是可行的，因為它們會被指派給事件類型字串。

我們接下來要決定究竟要使用繼承、擴展函式，還是函式組合。我們將會看到各種模式的優點，以及何時應避免它們。

5.2.3 組合與繼承之間的抉擇

在真實世界中，你不太用得到繼承，除非你要連接特定框架來套用特定的模式，例如擴展原生的 JavaScript 陣列，或者當效能是最重要的考量時。談到將效能當成使用原型的理由，我要特別強調測試你做的假設與評估各種手段的必要性，以免為了得到無法察覺的效能提升，而一頭栽入不太理想的模式。

裝飾與函式組合是比較容易使用的模式，因為它們沒有那麼嚴格。當你繼承某個東西之後就沒辦法選擇繼承別的東西了，除非你不斷在原型鏈中加入繼承階層。如果有許多類別都繼承一個基礎類別，但是之後需要往外分支，又要共享部分的功能時，就會產生問題。在這些與許多其他的案例中，使用組合可讓我們挑選需要的功能，又不會犧牲彈性。

比起單純修改物件或添加基礎類別，函式的做法寫起來比較麻煩，但是它可以提供最大的彈性。避免改變底層的目標可讓物件更容易序列化成 JSON，不會因為方法越來越多而受影響，因此在我們的基礎程式中有更大的相容性。

此外，使用基礎類別讓我們不方便在原型鏈的各個插入點重複使用邏輯。類似的情況，使用擴展函式時，加入類似的方法來支援稍微不同的使用案例有點困難。使用函式的做法在這方面比較沒有耦合的情況，但是它可能讓物件底層的程式更複雜，讓人難以理解它們的功能是如何聯繫的，破壞我們對於程式如何流動的基本解讀，並且導致更長的除錯時間。

與大多數程式設計事項一樣，基礎程式可受惠於外表的一致性。就算你用了這三種模式（與其他的），應知道，使用了五六種模式的基礎程式比大部分都使用一種模式、只在必要時少量使用其他模式的基礎程式還要難以理解、使用與進一步建構。“為各種情況選擇正確的模式”與“維持一致性”這兩種做法看起來好像互相抵觸，但它們也是一種取捨，衡量的是大型基礎程式的一致性 vs. 局部程式的簡單性。所以你應該問自己：犧牲一致性來換取簡單性究竟值不值得？

5.3 程式模式

本節將深入研究結構設計的具體元件，並討論一些常見的模式，這些模式可用來創造封鎖複雜性的邊界、封裝功能，以及跨越這些邊界或應用層進行溝通。

5.3.1 揭露模組

揭露模組模式（revealing module pattern）已經成為 JavaScript 世界的主流了。它的原則很簡單：準確地公開使用者能夠使用的事項，並且避免暴露任何其他東西。採取這個原則的原因有很多種。防止別人不當地使用實作細節可減少“模組的介面被隨便用在未支援的使用案例上，給模組的製作者與使用者帶來麻煩”的可能性。

你應該明確地避免公開私用的方法，例如 `_calculatePriceHistory` 方法，它在名稱的最前面用一個底線來代表它不希望被直接存取，以及它應該被視為私用。避免使用這種方法可阻止測試程式直接使用私用方法，因此測試只會對介面執行斷言（assertion），這些資訊之後可以當成介面使用說明文件的參考。這種做法也可以防止使用者 monkey-patch 實作細節，從而提高介面的透明度。最後，這種做法通常也會產生更簡潔的介面，因為介面代表一切，別人無法以其他方式藉由內部的程式來與模組互動。

在預設情況下，JavaScript 模組具備揭露性質，很容易讓我們追隨揭露模式，防止別人動到實作的細節。函式、物件、類別與我們宣告的任何其他綁定都是私用的，除非我們明確地決定從模組 `export` 它們。

當我們只公開薄薄的一層介面時，就可以在大幅度修改實作的同時不影響他人使用模組的方式，同時也不會影響涵蓋這個模組的測試。你應該時常檢查介面的各方面，看看有沒有應該從介面剔除、轉換成實作細節的部分。

5.3.2 物件工廠

即使我們使用 JavaScript 模組並且嚴格地遵守揭露模式，仍然可能在使用模組時不小心共用狀態。偶發的狀態可能會讓介面產生意料之外的結果，它會讓使用者無法看到全貌，因為其他的使用者也會影響共用狀態的改變，讓人難以掌握應用程式究竟發生了什麼事。

如果我們將事件發射函式以及 onEvent 與 emitEvent 移入 JavaScript 模組，將會發現 emitters map 是該模組的頂層綁定，代表該模組的所有範圍都可以存取 emitters。這是我們希望產生的效果，因為如此一來，我們就可以在 onEvent 裡面註冊事件監聽器，並且在 emitEvent 裡面引發它們。但是在多數的其他情況之下，在公用介面方法之間共用持久保存狀態很容易產生 bug。

假設有個 calculator 模組可用來透過一連串的運算來做基本計算。就使用那個模組的人應該徹底刷新狀態，避免汙染第二位使用者的狀態因而產生意外的結果，我們也不應該憑藉使用者的行為才能讓模組產生一致的結果。下面這段故意寫出來的程式使用局部共用狀態，並且要求使用者嚴格地按照規定的方式使用模組來呼叫 add 與 multiply，並且讓 calculate 成為最後一個方法，希望它只被呼叫一次：

```
const operations = []
let state = 0

export function add(value) {
  operations.push(() => {
    state += value
  })
}

export function multiply(value) {
  operations.push(() => {
    state *= value
  })
}

export function calculate() {
  operations.forEach(op => op())
  return state
}
```

下面是讓這個模組正常工作的用法：

```
import { add, multiply, calculate } from './calculator'
add(3)
add(4)
multiply(-2)
calculate() // <- -14
```

當我們在兩個地方加入其他的操作之後，情況開始失控了，因為 operations 陣列開始得到無關的計算，從而破壞我們的計算：

```
// a.js
import { add, calculate } from './calculator'
add(3)
setTimeout(() => {
  add(4)
  calculate() // <- 14，因為 b.js 而多 7
}, 100)

// b.js
import { add, calculate } from './calculator'
add(2)
calculate() // <- 5，從 a.js 多 3
```

比較好一些的做法是不使用 `state` 變數，而是在運算程式之間傳遞狀態，讓每一個運算知道目前的狀態，並對它執行任何必要的改變。`calculate` 步驟每次都會建立一個新的初始狀態，並從那裡開始執行：

```
const operations = []

export function add(value) {
  operations.push(state => state + value)
}

export function multiply(value) {
  operations.push(state => state * value)
}

export function calculate() {
  return operations.reduce((result, op) =>
    op(result)
  , 0)
}
```

但是這種做法也有問題。就算 `state` 永遠都被設為 0，我們也將不相關的操作視為整體的一部分，這仍然是錯的：

```
// a.js
import { add, calculate } from './calculator'
add(3)
setTimeout(() => {
  add(4)
  calculate() // <- 9, an extra 2 from b.js
}, 100)

// b.js
import { add, calculate } from './calculator'
add(2)
calculate() // <- 5，從 a.js 多 3
```

顯然，這個模組的設計很差勁，因為它絕對不應該將運算緩衝器用在一些無關的計算上。我們應該改成公開一個工廠函式，讓它有自己的獨立範圍，在範圍內將相關狀態全部與外界隔絕，再從那個範圍回傳一個物件。這個物件的方法相當於一般的 JavaScript 模組匯出的介面，但是狀態的改變是在使用者建立的實例裡面發生的：

```
export function getCalculator() {
  const operations = []

  function add(value) {
    operations.push(state => state + value)
  }

  function multiply(value) {
    operations.push(state => state * value)
  }

  function calculate() {
    return operations.reduce((result, op) =>
      op(result)
    , 0)
  }

  return { add, multiply, calculate }
}
```

使用這個計算程式同樣很簡單，不過現在我們可以非同步地做事了。就算有其他的使用者也在計算，每位使用者都有它們自己的狀態，可以避免資料損壞：

```
import { getCalculator } from './calculator'
const { add, multiply, calculate } = getCalculator()
add(3)
add(4)
multiply(-2)
calculate() // <- -14
```

就連以下這個有兩個檔案的範例也不會產生問題，因為每一個檔案都有它自己的原子化計算程式：

```
// a.js
import { getCalculator } from './calculator'
const { add, calculate } = getCalculator()
add(3)
setTimeout(() => {
  add(4)
  calculate() // <- 7
}, 100)

// b.js
import { getCalculator } from './calculator'
const { add, calculate } = getCalculator()
add(2)
calculate() // <- 2
```

從上面的例子可以看到，就算使用現代的結構與 JavaScript 模組，共用狀態也很容易產生複雜性。因此，我們應該盡量讓可變狀態靠近它的使用者。

5.3.3 事件發送

我們已經詳細討論過註冊事件監聽器，將它指派給一般的 JavaScript 物件，以及發送任何一種事件來觸發這些監聽器的模式了。當我們想要明確地指出副作用時，事件處理是最常用的機制。

例如，在瀏覽器中，我們可以將一個 click 事件指派給特定的 DOM 元素。當 click 事件觸發時，我們可能會發出一個 HTTP 請求、算繪不同的網頁、啟動動畫，或播放音訊檔。

當我們處理佇列時很適合用事件來回報進度。在處理佇列時，我們可以在一個項目被處理之後發送一個 progress 事件，讓 UI 或任何其他使用者算繪與更新進度指示器，或根據佇列已處理的資料來執行部分的工作單位。

事件也是可以 hook 物件的生命週期的機制。例如，AngularJS view 算繪框架使用事件傳播機制在各個元件之間進行跨階層通訊，這可以避免 AngularJS 基礎程式的元件彼此耦合，但是它們仍然可以對彼此狀態的改變做出反應並進行互動。

我們可以讓元件使用事件監聽器來接收訊息，或許也可以讓元件處理訊息來更新顯示元素，接著回覆一個它自己的事件，如此一來即可產生豐富的互動，而不需要加入其他的中介模組。

5.3.4 訊息傳遞與簡單的 JSON

當工作涉及 ServiceWorker、web 工人、瀏覽器擴展程式、框架、API 呼叫或 WebSocket 集成時，沒有事先規劃強健的資料序列化機制可能會讓我們遇到麻煩。此時使用類別來表示資料會造成崩潰，因為我們必須設法將類別實例序列化成原始資料（通常是 JSON），再將它傳到網路上，而且有一個關鍵在於收件者必須將個這 JSON 解碼以恢復成類別實例，這是第二個類別會造成失敗的地方，因為我們沒有任何一種標準化的手段可以用 JSON 重新建構類別實例。例如：

```
class Person {
  constructor(name, address) {
    this.name = name
    this.address = address
  }
  greet() {
    console.log(`Hi! My name is ${ this.name }.`)
  }
}

const rwanda = new Person('Rwanda', '123 Main St')
```

雖然我們可以用 `JSON.stringify(rwanda)` 輕鬆地將 `rwanda` 實例序列化，接著將它送到網路上，但是另一端的程式沒有標準的方式可將這個 JSON 轉成 `Person` 類別的實例，它的功能可能不是只有 `greet` 函式而已。或許接收方不需要將這個資料反序列化成原始的類別實例，但有時在另一端有精確的物件複本是有好處的。例如，為了減少在網站與 web 工人之間傳遞訊息時的摩擦，我們希望讓兩端處理同一種資料結構，此時，簡單的 JavaScript 物件是很理想的選項。

JSON（現在已經是 JavaScript 語法的子集合了）是專門為這種使用案例設計的，因為在這種案例中，我們經常需要將資料序列化，用網路傳送它，並在另一端將它反序列化[3]。一般的 JavaScript 物件很適合在應用程式中儲存資料，提供無摩擦序列化，並產生更簡潔的資料結構，因為可以將邏輯與資料分開。

當傳送與接收端使用的語言都是 JavaScript 時，兩端可以共用一個模組來取得它們需要的、與資料結構有關的所有功能。如此一來，我們就不用擔心序列化了，因為我們使用的是一般的 JavaScript 物件，而且可以在傳輸層使用 JSON。我們也不需要擔心怎麼分享功能，因為我們可以用 JavaScript 模組系統來處理它。

知道如何根據自己的理解來編寫堅實的模組之後，接下來要討論操作上的問題，例如可靠地處理應用程式機密資料、確保依賴項目不會出錯、瞭解如何策劃組建程序與持續整合、處理狀態管理的細節，以及與產生正確的抽象有關的高風險決策。

3　直到最近，JSON 還不是嚴格定義下的 ECMA-262 正式子集合。最近有一個建議（*https://mjavascript.com/out/json-subset*）修改了 ECMAScript 規範，將一些之前不屬於有效的 JavaScript 的 JSON 改成有效的 JavaScript。

第六章

開發方法學與哲學

就算多數人在專案中使用的原始程式都不是開放的，許多開放原始碼的最佳做法仍然適合封閉原始碼專案，我們仍然可以藉由遵循它們而受惠。假裝你的原始碼會被開放可以導致更好的組態與安全管理、更好的文件、更好的介面與更容易維護的整體基礎程式。

在這一章，我們要探討開放原始碼原則，並研究如何在 JavaScript 應用程式開發的前端與後端採取一種方法學與一組稱為 The Twelve-Factor App（通常是為後端開發設計的）的強健性原則[1]。

6.1 安全設置管理

封閉原始碼專案的安全設置（例如 API 金鑰或 HTTPS session 解密金鑰）通常會被就地寫死。在開放原始碼專案中，它們通常是從環境變數或未被送到版本控制系統的加密組態檔取得的。

開放原始碼專案的做法可讓開發者在分享大部分的應用程式時不至於影響他們的生產系統的安全性。雖然在封閉原始碼環境中，這或許不是迫在眉睫的問題，但我們要考慮，一旦機密資料被送到版本控制系統，它就會被刻在版本歷史中，除非那個歷史紀錄被強制改寫，抹除機密資料的存在。即使如此，我們也無法保證不會有不懷好意的人在機密資料從

1 你可以在網路上找到原始的 Twelve-Factor App 方法學（*https://mjavascript.com/out/12factor*）及其文件。

歷史紀錄抹去之前取得它們。因此，這個問題比較好的解決方案就是輪換可能被洩露的機密資料，撤銷舊機密資料的讀取權限並使用新的、未被洩露的機密資料。

雖然這種做法有效，但是它在我們需要使用好幾組機密資料時很耗時。當我們的應用程式有相當的規模，洩露出去的機密資料就算只在短時間之內被公開也會帶來巨大的風險。因此，最好在預設的情況下謹慎地處理機密資料，以避免日後專案出現麻煩。

我們最少可以給每一個機密資料一個專屬的名稱並將它們放在一個 JSON 檔案中。任何敏感資訊或組態值都可以視為機密資料，或許也包括簽署憑證的私用金鑰、連接埠號碼或資料庫連結字串：

```
{
  "PORT": 3000,
  "MONGO_URI": "mongodb://localhost/mjavascript",
  "SESSION_SECRET": "ditch-foot-husband-conqueror"
}
```

不要在使用這些變數時將它們寫死，或將它們放在模組開頭的常數中，而是要將所有敏感資訊集中放在一個版本控制系統之外的檔案裡面。這種做法除了可以協助讓多個模組共用機密資料、讓更新比較容易進行之外，也可以鼓勵我們隔離以前認為不敏感的資訊，例如用來對密碼進行加碼的工作係數。

採取這種做法的另一種好處在於，因為我們將所有環境組態放在一個存放處，所以可以根據我們究竟將應用程式交付生產、模擬，或開發者使用的本地開發環境，而指向不同的機密存放處。

因為我們故意把機密放在版本控制系統之外的地方，所以有許多種共用它們的方式，例如使用環境變數，將它們存放在 JSON 檔案裡面並放在 Amazon S3 bucket 裡面，或使用專門儲存應用程式機密的加密存放區。

在 Node.js 應用程式中，有一種通常被稱為 *dot env* 的檔案可以有效管理機密，也有一種模組稱為 `nconf` 可協助我們設定它們。這些檔案通常有兩種資料：不能在執行環境之外共用的機密，以及我們不想要寫死的、可供編輯的組態值。

在真實世界的環境中，有一種具體而且有效的做法是使用一些點 *env* 檔案，並且明確定義它們的目的。以下按照優先順序說明：

- *.env.defaults.json* 可用來定義不一定會在不同的環境之間變動的預設值，例如應用程式監聽埠，NODE_ENV 變數，以及你不想要寫死在應用程式碼裡面的可設置選項。將這些預設值放入原始碼控制系統應該是安全的。
- *.env.production.json*、*.env.staging.json* 與其他檔案可用來做環境專屬的設定，例如各種資料庫的產品連接字串、cookie 編碼機密資料、API 金鑰等等。
- *.env.json* 可儲存你的本地、機器專屬設定，適合儲存不應該與其他團隊成員共用的機密或組態變更。

此外，你也可以透過環境變數接收簡單的環境設定修改，例如執行 `PORT=3000 node app`，這在開發期間非常方便。

我們可以使用 nconf npm 套件來輕鬆地讀取與合併這些應用程式設定資源。

下面的程式展示如何設置 nconf 來做我們剛才說的事情：我們匯入 nconf 套件，並且從最高優先順序到最低優先順序宣告組態來源，而 nconf 會進行合併（較高優先順序的設定一定優先）。接著實際設定 NODE_ENV 環境變數，程式庫會使用這個特性來決定究竟要使用哪一種輸出：

```
// 環境
import nconf from 'nconf'

nconf.env()
nconf.file('environment', `.env.${ nodeEnv() }.json`)
nconf.file('machine', '.env.json')
nconf.file('defaults', '.env.defaults.json')

process.env.NODE_ENV = nodeEnv() // 一致性

function nodeEnv() {
  return accessor('NODE_ENV')
}
```

```
function accessor(key) {
  return nconf.get(key)
}

export default accessor
```

這個模組也公開一個介面，我們可以透過它執行 env('PORT') 這類的函式來使用這些應用程式設定。當我們需要讀取其中一個組態設定時，可以匯入 *env.js* 並索取相關設定的值，而 nconf 負責確定哪些設定比較優先，以及目前的環境應該用哪個值：

```
import env from './env'

const port = env('PORT')
```

假如我們有一個下面這種 *.env.defaults.json*，就可以在開始模擬、測試或生產應用程式時傳入 NODE_ENV 旗標，並取回適當的環境設定，以協助簡化載入環境的程序：

```
{
  "NODE_ENV": "development"
}
```

我們通常發現自己需要在用戶端重複這種邏輯。當然，我們不能在用戶端使用伺服器端的機密資料，因為這樣就會將機密洩露給在瀏覽器窺探 JavaScript 檔案的人。儘管如此，我們有時仍然希望取得一些環境設定，例如 NODE_ENV、應用程式的網域或連接埠、Google Analytics 追蹤 ID，以及"安全做廣告（safe-to-advertise）"組態細節。

當工作涉及瀏覽器時，我們可以使用同樣的檔案與環境變數，但加入一個瀏覽器物件專用欄位：

```
{
  "NODE_ENV": "development",
  "BROWSER_ENV": {
    "MIXPANEL_API_KEY": "some-api-key",
    "GOOGLE_MAPS_API_KEY": "another-api-key"
  }
}
```

接著，我們可以像下面這樣寫一小段腳本來印出所有設定：

```
// print-browser-env
import env from './env'
const browserEnv = env('BROWSER_ENV')
const prettyJson = JSON.stringify(browserEnv, null, 2)
console.log(prettyJson)
```

當然，我們不希望將伺服器端的設定與瀏覽器的設定混在一起。懂得使用代理程式、能夠造訪我們的網站、具備基本程式撰寫技術的人通常都有能力讀取瀏覽器的設定，也就是說，我們最好不要將高度敏感的機密與用戶端應用程式綁在一起。為了處理這個問題，我們可以用一個組建步驟將合適的環境設定印到一個 *.env.browser.json* 檔案，接著只在用戶端使用那個檔案。

我們可以將這個包裝納入組建程序，加入下面的命令列命令：

```
node print-browser-env > browser/.env.browser.json
```

請注意，為了讓這個模式正常工作，當我們編譯瀏覽器 .evn 檔案時，必須知道我們是針對哪個環境來組建的。傳入不同的 `NODE_ENV` 環境變數會產生不同的結果，依你的目標環境而定。

用這種方式來編譯用戶端組態設定可以避免洩露伺服器端組態機密給用戶端。

此外，我們應該將伺服器端的 *env* 檔複製到用戶端，如此一來，網路的兩端就可以用幾乎相同的方式來使用應用程式設定了：

```
// browser/env
import env from './env.browser.json'

export default function accessor(key) {
  if (typeof key !== 'string') {
    return env
  }
  return key in env ? env[key] : null
}
```

儲存應用程式設定的方式還有許多種，它們各有其優缺點。不過我們剛才討論的方法比較容易實作且紮實，是很好的起點。若要升級，你可以研究 AWS Secrets Manager 的用法，採取這種做法時，在團隊成員的環境中，你只要管理單一機密資料，而不是每一種機密都要使用一筆資料。

機密服務也負責加密、安全儲存與機密輪換（很適合防止資料洩露），以及其他的高級功能。

6.2 明確地管理依賴關係

有時我們想要把依賴項目簽入版本控制系統，因為如此一來，我們就可以取得依賴項目樹狀結構之中依賴項目彼此一致的版本，無論何時與在哪個環境中。

但是將依賴項目樹狀結構放在存放區是不合理的做法，因為它們通常有好幾百 megabytes，而且經常含有根據目標環境與作業系統組建的、已編譯的資產[2]。組建程序本身與環境有密切關係，因此不適合放入應該要與平台無關的程式碼存放區。

在開發期間，我們希望能夠不斷升級依賴項目，以協助處理上游的 bug、加強控制安全漏洞，以及使用新的功能或改善。但是對部署而言，我們必須有可重新產生的版本，期望在每一次安裝依賴項目時都能得到相同的結果。

解決的方式是加入一個依賴項目清單，在依賴項目樹狀結構中指出我們想要安裝的程式庫確切版本。我們可以藉由 npm（第 5 版之後）與它的 *package-lock.json* 清單，以及透過 Facebook 的 Yarn 套件管理器與它的 *yarn.lock* 清單來做這件事，無論使用哪一種，它們都要發布到版本存放區。

2 當我們執行 `npm install` 時，npm 也會在 `npm install` 結束後執行 `rebuild` 步驟。rebuild 步驟會重新編譯原生的二進位檔案，根據執行環境與本地機器的作業系統來組建不同的資產。

在各種環境之中使用這個清單可以確保每次安裝依賴項目都會得到相同的結果。任何一位使用資料庫以及主機環境的人都會使用同一個套件版本，包括頂層（直接依賴項目）與任何一個嵌套深度（依賴項目的依賴項目的依賴項目）。

在應用程式裡面的每一個依賴項目都必須在清單中明確地宣告，盡量不要使用全域安裝的套件或全域變數，最好完全不使用它們。如果你不明確定義依賴項目，就要執行一些橫跨各種環境的額外步驟，開發者與部署流程都必須採取行動來確保這些額外的依賴項目有被安裝，但是這些事情只要用個簡單的 `npm install` 步驟就可以做到了。以下是 *package-lock.json* 檔案的長相：

```
{
  "name": "A",
  "version": "0.1.0",
  // metadata...
  "dependencies": {
    "B": {
      "version": "0.0.1",
      "resolved": "https://registry.npmjs.org/B/-/B-0.0.1.tgz",
      "integrity": "sha512-DeAdb33F+"
      "dependencies": {
        "C": {
          "version": "git://github.com/org/C.git#5c380ae3"
        }
      }
    }
  }
}
```

藉由使用套件鎖定檔案（package lock file）裡面的資訊（含有每一種套件的細節，以及它們的所有依賴項目），每次套件管理程式都可以採取一些步驟來安裝同樣的東西，讓我們可以快速地迭代與安裝套件更新，同時又能維持程式碼的安全。

始終安裝一致的依賴項目版本（以及一致的依賴項目的依賴項目的版本）可以讓開發環境更容易與我們在產品中做的事情保持一致，讓我們更能夠在本地環境中快速地複製產品的 bug，同時降低在開發過程中行之有效，卻在模擬階段失敗的機率。

6.3 用介面來製作黑盒子

與上一節有關的是，我們看待自己的元件的方式應該與看待第三方程式庫與模組一模一樣。當然，比起促使第三方程式的作者修改他的程式（在某些情況下，這是可以做到的），我們可以更快速地修改自己的程式，但是當我們將所有元件與介面（包括我們自己的 HTTP API）當成別人寫的時，就可以專心使用與測試介面，忽視底層的實作。

改善介面的其中一種方式就是編寫詳細的文件來說明介面接觸點期望收到的輸入，以及那些輸入在各種情況下如何影響輸出。編寫文件的過程可讓我們發現介面的局限性，讓我們有機會修改它。使用者都喜歡良好的文件，因為有了它，代表程式（或它的作者）比較不需要盲目摸索介面該如何使用，以及它究竟能否滿足需求。

無差別地看待自己的元件可協助我們在編寫單元測試時模仿未受測試的依賴項目，無論那些依賴項目是在內部開發的，還是第三方提供的。在編寫測試時，我們務必假設第三方的模組都已經被充分測試過了，所以我們沒必要將它們納入測試案例中。我們也要以同樣的方式看待目前編寫的測試程式所測試的模組使用的內部模組。

同樣的理論也可以套用到輸入消毒這類的安全問題上。無論開發哪種應用程式，我們都不能信任使用者的輸入，除非它被消毒過了。惡意的使用者可能會試著接管我們的伺服器、取得顧客的資料，或將內容注入我們的網頁。這些使用者可能是顧客，甚至是員工，因此在對輸入進行消毒時，我們要一視同仁。

設身處地為使用者著想是避免半調子的介面的最佳策略。當（作為思考練習）你停下腳步，思考你會如何使用一個介面，以及你可能會以哪些其他的方式來使用它時，就可以做出更好的介面。這不代表我們要讓使用者可以做任何事情，而是要製作直觀的功能，讓介面盡量方便使用，而不是用起來很痛苦。如果使用者在使用介面之後幾乎都得加入一堆商業邏輯，我們就必須停下來問自己：那些商業邏輯是不是應該放在介面後面，而不是門口？

6.4 組建、釋出、執行

組建程序有很多層面。最高層有共用的邏輯，我們會在那裡安裝與編譯資產，讓它們可被執行期應用程式使用。它們可能會安裝系統或應用程式的依賴項目、將檔案複製到不同的目錄、將檔案編譯成不同的語言，或將它們綁在一起，以及滿足你的應用程式的許多其他需求。

要在開發、模擬與產品環境之間成功地管理應用程式，關鍵在於明確地定義與劃分組建程序。以上每一種常見的環境與你遇到的其他環境都有特定的用途，並透過那個用途來提供幫助。

在開發時，我們的重點是使用更好的除錯工具、使用開發版本的程式庫、source map，以及詳細的 log 等級。我們也會使用自訂的覆寫行為，以便輕鬆地模擬產品環境的外觀。可能的話，我們也會使用即時除錯伺服器，在程式改變時重新啟動應用程式、套用 CSS 的改變而不重新整理網頁等等。

在模擬階段，我們希望環境盡量與產品一致，所以會避免使用大部分的除錯功能。但是我們或許仍然會使用 source map 與詳細的 log，來方便追蹤 bug。使用模擬環境通常是為了在推出產品之前盡量清除 bug。因此，你要特別注意，這些環境的用途介於除錯與模擬產品之間。

產品比較重視縮小、優化圖像，以及路由式包裝拆解這類的進階技術，只傳送使用者造訪的網頁真正使用的模組。我們可能會採取 tree shaking 步驟，也就是靜態地分析模組圖，移除用不到的函式。對於進階的技術（例如重要的 CSS 內聯），我們會預先計算最常用的 CSS 樣式，以便在網頁中內聯它們，並將其他的樣式推遲到非同步模型，以便提供更快的互動。安全性功能（例如可以防禦 XSS 或 CSRF 等攻擊的 `Content-Security-Policy` 策略）也是在產品階段比較需要的功能。

在圍繞著應用程式的程序中，測試也扮演重要的角色。測試通常分成兩個階段進行。在本地，開發者會在組建前測試，確保 linter 沒有產生任何錯誤或測試不會失敗。接著，在將程式合併到主線的存放區之前，我們會在持續整合（CI）環境執行測試，以避免將不良的程式併入應用程式。在做 CI 時，我們會先組建應用程式，接著測試它，確定編譯後的應用程式是良好的。

這些程序必須一致才有效果。“出現斷斷續續的測試失敗”比“未針對難以測試的部分進行測試”更糟糕，因為這些失敗會影響每一個測試工作，有這種測試失敗時，我們就不能認為通過組建代表一切都正常，這會讓整個團隊的士氣下降，增加他們的挫折感。當你確定有斷續的測試失敗時，最好的做法是盡快消除這種斷續的情況，無論是透過修正斷續的根源，還是完全移除測試。如果你移除測試，務必送出票證（ticket），以便稍後加入良好的測試。斷續的測試失敗是不良設計的癥狀，在修復這些失敗的過程中，你或許也會解決結構性問題。

如同我們將在 Modular JavaScript 系列的第四本書討論的，坊間有大量的服務可以協助進行 CI 程序。Travis（*https://mjavascript.com/out/travis*）提供一種快速開始進行整合測試的做法：連接專案的 Git 存放區，並執行你選擇的命令；結束代碼 0 代表 CI 工作通過了，不同的結束代碼代表 CI 工作失敗了。Codecov（*https://mjavascript.com/out/codecov*）可以在代碼覆蓋率方面提供幫助，確保測試案例覆蓋了應用程式邏輯的多數程式路徑。我們可將 WebPagetest（*https://mjavascript.com/out/wpt*）、PageSpeed（*https://mjavascript.com/out/pagespeed*）與 Lighthouse（*https://mjavascript.com/out/lighthouse*）等解決方案整合到我們在 Travis 平台上面執行的 CI 程序之中，以確保我們對網路應用程式所做的修改不會對效能造成負面的影響。對每次的提交（甚至對 pull 請求分支）執行這個 hook 可協助移除應用程式主線的 bug 與迴歸，因而將它們排除在模擬與產品環境之外。

請注意，在這之前，我們都把焦點放在如何組建與測試資產，而不是如何部署它們。組建與部署有密切的關係，但不應該混在一起。有明確隔離組建程序（可產生方便部署的應用程式封包），以及可處理細節的部署程序（無論你部署到自己的本地環境或託管的模擬或產品環境）代表無論在組建期間還是執行期，我們通常都不需要關心與環境有關的問題。

6.5 無狀態性

之前談過，不控制狀態可能會直接讓應用程式中暑死亡。如果你盡量避免讓狀態直接轉換到應用程式內部，除錯就會更容易。全域狀態越少，就越容易預測應用程式當前的狀態，因此除錯時遇到的意外就越少。

快取是一種特別陰險的狀態形式。在多數情況下，快取可避免昂貴的查詢動作，所以它是提升應用程式效能的好工具。但是將狀態管理工具當成快取機制來使用可能會落入陷阱；有時應用程式各個小狀態是在不同的時間產生的，所以我們會用在不同的時間點算出來的資料來呈現應用程式的各個小地方。

我們通常會一併看待衍生的狀態與衍生它的資料，因為狀態不是獨立的，我們有時會遇到原始資料已經更新了，衍生狀態卻沒有更新，造成過時與不正確。如果我們永遠都用原始資料來計算衍生狀態，就可減少衍生狀態過時的可能性。

狀態幾乎無處不在，它實際上是應用程式的同意詞，因為沒有狀態的應用程式幾乎毫無用途可言。問題來了：如何更妥善地管理狀態？看看應用程式（例如型典的網路伺服器），它的主要工作是接收請求、處理它們，接著回傳適當的回應，因此，網路伺服器會將狀態指派給各個請求，讓它靠近請求處理程式，也就是與狀態最有關係的使用者。網路伺服器的全域狀態越少越好，最好將大部分的狀態放入各個請求 / 回應週期中。如此一來，當網路伺服器與多個伺服器節點一起做橫向縮放時，它們就不需要為了維持彼此的一致性而互相通訊，可以省下許多麻煩。最終，無狀態伺服器指的是資料持久保存層，它負責處理應用程式狀態，充當它衍生的其他狀態的真相來源。

當一個請求會導致長時間的工作時（例如寄出活動 email、修改持久資料庫的紀錄等等），最好將它交給一個單獨的服務，且讓那個服務保存與該工作有關的狀態。按照特定的需求來區分服務可以保持網路伺服器的精簡與無狀態性，也可以藉由加入更多伺服器、持久佇列（因此不會遺失工作）等等來改善流程。當每個工作都被緊耦合與狀態綁在一起時，隨著時間的流逝，我們將很難維護、升級與擴展服務。

在伺服器的世界中，快取形式的衍生狀態很常見。例如在供人下載書籍的個人網站中，我們往往將每一本書存成 PDF 檔案，以免在書籍對應的 */book* 路由被造訪時重新編譯 PDF。當書籍更新時，我們會重新計算 PDF 檔案，並將它存入磁碟機，讓這個衍生狀態維持最新狀態。但是，當我們開始使用許多節點的叢集，網路伺服器不再是單節點時，就不太容易橫跨節點傳播書籍已經更新的訊息，因此最好將衍生狀態留在持久層，否則，網路伺服器節點或許可以收到更新書籍的請求，執行更新，並在那個節點重新計算 PDF 檔案，但是我們無法讓其他節點的 PDF 檔案失效，所以那些節點將會持有並提供過時的 PDF 版本。

在這種情況下，比較好的替代方案是將衍生的狀態存在 Redis 或 Amazon S3 這類的資料存放區，我們可以從任何網路伺服器更新它們，接著直接由 Redis 提供預先計算的結果。藉由這種方式，我們仍然可以得到使用預先計算的衍生狀態的好處，而且當這些請求或更新在多個網路伺服器節點上發生時，我們也可以保持彈性。

可丟棄性

當我們 hook 事件監聽器時，無論是為了監聽 DOM 事件還是發送器發送的事件，當有關的各方都對被發出的事件不再感興趣時，我們應該考慮丟棄監聽器。例如，如果我們有個 React 元件，當它被安裝之後就會開始對著 `window` 物件監聽 `resize` 事件，當元件被卸除時，我們也應該移除這些事件監聽器。

這種積極的態度可確保我們在設置與分解應用程式的各個部分時不會留下大量的監聽器，進而產生難以追蹤與查明的記憶體洩漏。

不過可丟棄性的概念並不限於事件監聽器。任何一種可以配置與指派給物件、元件或服務的資源都應該在那個指派不復存在時釋出與清理，如此一來，我們就可以自信地建立與丟棄任何數量的元件，而不會危及應用程式的效能。

另一個有助於管理複雜度的改善是將應用程式結構化，將所有商業邏輯放在單一目錄結構中（例如 *lib/* 或 *services/*），將它當成保存所有邏輯的實體層。如此一來，我們就開啟更多重複使用邏輯的機會，因為團隊成員知道應該先查看這個地方，避免重複製作對著衍生的狀態執行類似的計算的函式。

將 view 元件與它的直接對應元件放在一起也很好，亦即，將每個 view 的主元件、子元件、控制器與邏輯放在同一個結構內，但是這種將許多商業邏輯緊密結合成特定元件的方式可能不容易讓人瞭解整個應用程式的工作方式。

大型的用戶端應用程式通常不會將邏輯放在同一個地方，它的邏輯會分布在許多元件、view 控制器與 API，而不是主要在伺服器端，之後才在用戶端程式結構的單一實體位置中處理。對想要瞭解應用程式流程的團隊新成員來說，這種集中化很重要，因為如果沒有集中化的話，他們就必須來回查看 view 元件與控制器才能確定到底發生什麼事情。這在他們初次踏入未知的程式領域時是很恐怖的事情。

同樣的情況也適用於程式碼的任何其他功能，因為當應用程式有明確定義的階層時，瞭解演算法如何在階層之間流動就更加容易。但是當你將商業邏輯與其他部分的應用程式碼隔開的話，將會得到最大的回報。

另一種做法是使用 Redux 或 MobX 這類的狀態管理解決方案來將所有狀態與應用程式的其他部分隔離。無論採取哪種做法，最重要的仍然是盡量明確地隔離應用程式中 view 算繪的部分與商業邏輯的部分。

6.6 開發與生產的比較

我們已經知道明確定義組建與部署程序的重要性了。類似的情況，我們有不同的應用程式環境，包括開發、生產、模擬、功能分支、SaaS vs. on-premises 環境等等。這些環境各有不同的定義。我們會遇到提供各種功能的各種環境，無論它們是除錯工具、產品功能或效能優化。

當我們要加入環境專屬的功能旗標或邏輯時，必須注意這些改變帶來的差異。我們可否收緊與環境相關的邏輯，盡量減少帶來的分歧？我們是否該將新加入的邏輯分支隔離到單一模組，以盡可能地處理分歧的面向？為特定環境開發功能時啟用的旗標會不會無意間在使用另一組旗標的其他環境中引入 bug ？

反之亦然，如同程式設計的許多事項，建立這些分歧比較簡單，但移除它們可能很有挑戰性，這些困難來自我們在開發或做單元測試時通常不會遇到、但是在產品環境中可能發生的未知情況。

例如，考慮下面的情況。我們有個產品程式使用 `Content-Security-Policy` 規則來抵抗惡意攻擊。在開發環境中，我們也加入一些其他的規則，例如 `'unsafe-inline'`，讓開發工具可以操作網頁，以便重新載入程式碼與樣式的改變而不需要重新整理整個網頁，以提升珍貴的開發效率並節省時間。我們的應用程式有個元件，可讓使用者用來編輯程式原始碼，但是現在我們需要調換那個元件。

我們將目前的元件換成公司的組件框架內的新元件，我們知道它已經通過實戰測試，並且在內部的其他產品中已經可以正常運作了。我們在本地開發環境中進行測試，一切都按預期工作，測試通過了。接著讓其他的開發人員審查程式，並且在他們自己的環境裡面進行本地測試，沒有發現任何問題。我們合併程式，並且在幾週之後部署產品。不久，我們開始收到支援請求，談到原始碼編輯功能壞了，需要回復到加入新的原始碼編譯器之前的狀態。

哪裡出錯了？我們之前沒有發現到，除非加入 `style-src: 'unsafe-inline'`，否則新元件無法工作。因為我們在開發時為了配合方便的開發工具而容許行內樣式，這種做法在開發期間，或團隊成員執行本地測試期間不成問題，但是當它被部署為產品時，由於我們遵循更嚴格的 CSP 規則，因而不提供 `'unsafe-inline'` 規則，導致該元件故障。

這個例子的問題在於，它有平等分歧（divergence in parity）的情況，使得我們無法識別新元件的限制：它使用行內樣式來定位文字游標。這與嚴格的 CSP 不一致，但我們無法正確地識別它，因為在開發環境中的 CSP 比產品寬鬆。

我們應該盡可能地將這種分歧降到最低，如果不這麼做，bug 可能會進入產品，最終導致顧客回報 bug。僅僅意識到這種差異是不夠的，在頭腦裡面放入這些邏輯閘，期望你在做一項改變時可以想像程式在產品環境執行時的變化過程是既不實際且毫無效果的。

正確的整合測試或許可以捕捉許多這類的錯誤，但情況不總是如此。

6.7 抽象很重要

急著做抽象化可能會造成災難。反過來說，無法識別複雜性的主要來源並且將它抽象化也會消耗很大的成本。當使用者直接使用複雜的介面，而不充分利用該介面提供的所有高級組態選項時，就會錯過有用的強大抽象。我們可以採取另一種做法，在複雜介面的前面建立一個中間層，讓使用者穿越那一層來使用介面。

這個中間層負責呼叫複雜的抽象本身，但是提供比較簡單的介面以及較少的組態選項，讓重要的使用案例更容易使用它。通常複雜的或舊有的介面都會要求我們提供可從其他函式參數衍生的資料。例如，我們可能會被詢問有多少成人、多少小孩與全部有多少人希望預訂航班，儘管最後一個選項可以用前面的選項算出來。其他的範例包括期望在欄位傳入特定格式的字串（例如可以用原生的 JavaScript date 衍生的日期字串）、使用與程式有關，但是與使用者無關的術語，或缺少合理的預設值（除了預設的推薦值之外幾乎不會被改成其他值的必要欄位）。

例如，如果我們的網路應用程式使用一種有許多參數的 API 來讓人搜尋最便宜的無憂航班，並且可讓人用一些不同的方式來使用這個 API，如果我們沒有將不適合這個使用案例的許多 API 參數抽象化的話，就會讓我們付出高昂的代價。此時，中間層可以負責建立合理的預設值，並將適當的資料結構（例如原生的 JavaScript date 或不區分大小寫的機場代碼）轉換成 API 要求的格式。

此外，我們的抽象也可以處理為了灌入（hydrate）資料所需的後續 API 呼叫。例如，搜尋航班的 API 可能會幫每一個航班回傳一個航空公司代碼，例如 AA 代表 American Airlines，但是 UI 使用者也要將 AA 灌入航空公司的顯示名稱，並附帶一個用來嵌入使用者介面的 logo，或許還要附上一個前往它的 check-in 網頁的連結。

每當我們使用完整的查詢來呼叫 API，以滿足它的 quirk 與彌補它的缺點，而不是採取抽象的做法時，我們不但很難維護在多個地方使用這些端點的應用程式，將來也難以使用各個供應者提供的結果（當然這些供應者也有它自己的 quirk 與缺點）。此時，我們會有兩組不同的 API 呼叫，一組是每一個供應者的 API 呼叫，另一組負責處理資料來遷就供應者的 quirk。

中間層可以使用（被使用者）正規化的查詢，例如，在呼叫航班搜尋 API 時，將本地日期格式化。接著調整那個查詢，讓它符合實際產生航班搜尋結果的後端服務。如此一來，使用者就只需要面對單一、簡化的介面，同時又能夠無縫地與兩個類似的、提供不同介面的支援服務互動。

我們也可以（並且應該）對這些輔助服務回傳的資料結構做同樣的事情。藉著將資料正規化，使資料結構只含有顧客在乎的資訊，再加上他們需要的衍生資訊（例如航空公司名稱與之前提到的細節），讓顧客使用接近他們的需求的資料結構，並專注於他們在乎的事項上。與此同時，這個正規化可以讓抽象合併來自兩個輔助服務的結果，讓它們可被視為來自單一源頭：抽象本身，將輔助服務變成實作細節。

當我們直接使用原始的回應時，可能會發現自己寫出太過冗長的 view 元件。這些元件裡面有“將算繪 view 所需的詮釋資料拉在一起、將 API 格式的資料對映到實際顯示的東西，以及將使用者輸入對映回去 API 格式”的邏輯。藉由使用中間層，我們可以把這種對映邏輯放在單一地方，避免應用程式的其他部分被它的影響。

要充分掌握 JavaScript 模組化，你不能單單靠著嚴格遵守一套教條規則，而是要設身處地為使用者著想，為之後可能發生的功能開發進行規畫（但不要太廣泛），並且用你設計介面時那種尊重與細心的態度來製作文件。內部的實作細節永遠都可以在日後改善。當然，我們都想要修改（或至少抽象化）這些複雜性的根源，但是漂亮的模組都是以外在來吸引眾人的目光。最重要的是，你要相信自己的判斷，不要在做決策時，腦海中充斥著最新穎的開發思想！

索引

※提醒您：由於翻譯書排版的關係，部份索引名詞的對應頁碼會和實際頁碼有一頁之差。

符號

A

B

C

D

E

F

G

I

J

L

M

N

O

P

T

U

V

W

作者簡介

Nicolás Bevacqua 是 Elastic 的資深軟體工程師。他寫過好幾本 JavaScript 書籍，包括 *JavaScript Application Design*（Manning，2015）、*Practical Modern JavaScript*（O'Reilly，2017）、與 *Mastering Modular JavaScript*（O'Reilly，2018），他也是 *ponyfoo.com* 的主編。Nicolás 不但有處理 JavaScript 問題的豐富經驗，也樂於分享他的應用學習。你可以在 Twitter 用 @nzgb 找到他。

深入學習 JavaScript 模組化設計

作　　者：Nicolás Bevacqua
譯　　者：賴屹民
企劃編輯：蔡彤孟
文字編輯：王雅雯
設計裝幀：陶相騰
發 行 人：廖文良

發 行 所：碁峰資訊股份有限公司
地　　址：台北市南港區三重路 66 號 7 樓之 6
電　　話：(02)2788-2408
傳　　真：(02)8192-4433
網　　站：www.gotop.com.tw
書　　號：A571
版　　次：2019 年 01 月初版
建議售價：NT$400

國家圖書館出版品預行編目資料

深入學習 JavaScript 模組化設計 / Nicolás Bevacqua 原著
；賴屹民譯. -- 初版. -- 臺北市：碁峰資訊, 2019.01
面；　公分
譯自：Mastering Modular JavaScript
ISBN 978-986-502-022-4(平裝)
1.Java Script(電腦程式語言)
312.32J36　　　　107023069

讀者服務

- 感謝您購買碁峰圖書，如果您對本書的內容或表達上有不清楚的地方或其他建議，請至碁峰網站：「聯絡我們」\「圖書問題」留下您所購買之書籍及問題。(請註明購買書籍之書號及書名，以及問題頁數，以便能儘快為您處理)
http://www.gotop.com.tw

- 售後服務僅限書籍本身內容，若是軟、硬體問題，請您直接與軟體廠商聯絡。

- 若於購買書籍後發現有破損、缺頁、裝訂錯誤之問題，請直接將書寄回更換，並註明您的姓名、連絡電話及地址，將有專人與您連絡補寄商品。